张印民 著

高岭石表面修饰
及其在橡胶中的应用

U0300574

化学工业出版社

·北京·

内容简介

橡胶增强是橡胶科学与工程领域研究的重点之一。《高岭石表面修饰及其在橡胶中的应用》将不同理化性质的高岭石填充橡胶基体，利用乳液共混法和熔融共混法制备了一系列高岭石/橡胶复合材料，对填充橡胶复合材料的加工性能、静态力学性能、动态力学性能和阻隔性能进行了详细分析和探讨。

本书为国家自然科学基金青年基金项目和内蒙古自治区自然科学基金项目的成果总结，对黏土矿物加工和黏土矿物/橡胶复合材料领域的研究有一定参考意义。

图书在版编目（CIP）数据

高岭石表面修饰及其在橡胶中的应用 / 张印民著.
北京：化学工业出版社，2024.6. -- ISBN 978-7-122
-45912-1

Ⅰ.P578.964；TQ336

中国国家版本馆 CIP 数据核字第 2024VJ1524 号

责任编辑：王海燕　　　　　　　文字编辑：赵　越
责任校对：赵懿桐　　　　　　　装帧设计：关　飞

出版发行：化学工业出版社（北京市东城区青年湖南街 13 号　邮政编码 100011）
印　　装：北京盛通数码印刷有限公司
880mm×1230mm　1/32　印张 9¼　彩插 9　字数 218 千字
2024 年 7 月北京第 1 版第 1 次印刷

购书咨询：010-64518888　　　　　售后服务：010-64518899
网　　址：http://www.cip.com.cn
凡购买本书，如有缺损质量问题，本社销售中心负责调换。

定　　价：68.00 元　　　　　　　　　版权所有　违者必究

前言

矿物材料的功能化设计是指基于矿物材料层间域结构、颗粒间结构、纳米孔结构和表面性质等特征属性，采用不同的工艺方法挖掘和体现矿物材料的特殊理化性能。随着科学理论和工艺技术的发展，研究并利用矿物材料的结构特征具有重大的实际应用价值，矿物材料的功能化设计已成为矿物工程领域矿物材料高值化利用的共性关键技术之一。矿物材料在聚合物基复合材料方面的研究一直持续开展，通过基础研究开辟和发展矿物材料填充聚合物基复合材料的制备理念和技术原型，可以获得具有优异力学性能和功能化特性的聚合物基微纳米复合材料，具有重要的理论和实际意义。

高岭石作为一种具有层状结构的典型铝硅酸盐黏土矿物材料，已经被广泛应用于热塑性树脂、橡胶弹性体、涂料、造纸、油漆和纺织等有机材料领域。目前，高岭石的功能化设计得到重视并取得极大进展。将高岭石经过插层剥片等微纳米处理，采用不同的功能基团对高岭石表面进行功能化改性修饰后，其在颗粒粒度、形貌特征、表面性质和流体性能等方面展示出许多新奇的理化性质，可以作为新型橡塑功能填料制备无机/聚合物微纳米复合材料。高岭石表面羟基活性较低，可以降低由于硅酸盐表面羟基引起的聚合物老化；高岭石具有的片层结构不仅可以提高填充聚合物复合材料的静态力学性能和阻隔性能，还可以改善聚合物复合材料的动态力学性能。同时，改性高岭石在橡胶弹性体基体中的填充份数较高，可以大大降低橡胶工业材料的成本，易于产业化推广。

笔者长期从事黏土矿物特别是高岭石族黏土矿物材料的开发利用研究工作。2017～2019 年承担了国家自然科学基金青年基金项目"乳液共混法高岭石/乳液聚合丁苯橡胶复合材料的动态生热性能研究"（编号：51604158）。2020～2024 年承担了国家自然科学基金地区基金项目"煤系高岭石二维片层负载稀土离子的高效构筑及对硅橡胶气阻隔性能研究"（编号：52064040）。2018～2020 年承担了内蒙古自治区自然科学基金面上项目"内蒙古煤系高岭石制备新型结构功能填料增强丁苯橡胶阻隔性能的机理研究"（编号：2018MS05061）。笔者对高岭石的超细化处理和表面改性修饰进行了详细研究，利用小分子化合物插层进入高岭石层间结构，然后利用剥片方法实现高岭石片层结构的解离；利用表面改性剂对高岭石片层表面进行了表面改性修饰，对高岭石表面改性机理进行了探讨；在高岭石片层结构负载了不同类型的稀土化合物，实现了高岭石的功能化处理。将不同理化性质的高岭石填充橡胶基体，利用熔融共混和乳液共凝聚方法制备了一系列高岭石/橡胶复合材料，对填充橡胶复合材料的加工性能、静态力学性能、动态力学性能和阻隔性能进行了详细分析和探讨。本书为上述国家自然基金项目和内蒙古自然基金项目的成果总结，以供读者参考。

　　内蒙古工业大学硕士研究生亢浪浪、温健、张熬、刘洪磊、吴森和秦立攀参与了本项目研究工作。研究过程中，中国矿业大学（北京）刘钦甫教授、内蒙古工业大学张永锋教授、枣庄市三兴高新材料有限公司吉雷波高级工程师、大唐同舟科技有限公司孙俊民教授级高级工程师、内蒙古工业大学白杰教授、河南理工大学张玉德教授、内蒙古工业大学丁大千副教授和内蒙古工业大学白一甲副教授给予了指导和帮助。

　　本书还得到中国矿业大学（北京）张帅副教授、李阔副教授，内蒙古工业大学公彦兵副教授、米亚策副教授、陈天嘉副教授、郝志飞副教授和周华从教授的热情帮助和支持。

　　内蒙古工业大学化工学院分析测试中心、青岛科技大学分析测试中心和枣庄市三兴高新材料在橡胶复合材料性能测试过程中给予了大力帮助。

　　枣庄市三兴高新材料有限公司、内蒙古三鑫高岭土有限责任公司和内蒙古伊东煤炭集团有限责任公司在高岭石样品采集过程中给予了帮助和支持。

　　在此，对上述单位和个人表示衷心的感谢！

　　由于笔者水平有限，书中难免存在不足之处，敬请读者批评指正。

张印民

2024 年 4 月

目录

第3章
高岭石表面修饰 / 081

第4章
高岭石/橡胶复合材料的加工性能研究 / 107

第 5 章
高岭石/橡胶复合材料的力学性能研究 / 143

第6章
高岭石/橡胶复合材料的阻隔性能研究 / 225

第 **1** 章

高岭土资源与利用

1.1 概　述

黏土矿物是细分散、含水层状构造硅酸盐矿物和层链状构造硅酸盐矿物及含水非晶质硅酸盐矿物的总称。黏土矿物的基本结构单元由硅氧四面体片层和铝氧八面体片层组成，单元层结构呈现纳米尺度，是一种天然的纳米材料。由于片层间的离子作用、电荷作用、氢键以及其他化学键合作用，黏土矿物颗粒常常相互集聚形成聚集体，颗粒粒度较大。如果对其进行适当的插层、剥离等超细化处理和表面改性修饰，制备出改性纳米级黏土粉体，将其均匀分散于聚合物基体中，制备的聚合物/黏土复合材料将具有优异的力学性能、良好的热稳定性能、气液阻隔性能和耐候性能等。同时，黏土矿物的储量丰富，价格低廉，对环境的污染较小。因此黏土矿物材料成为材料领域特别是无机/有机微纳米复合材料领域的研究热点之一。

橡胶材料作为现代工业中的三大聚合物材料之一，具有耐腐蚀、绝缘性能好及易于加工等优点，同时橡胶是唯一具有高伸缩性与弹性的聚合物材料。因此，橡胶材料在轮胎、采掘、交通、建筑、机械、电子等重工业以及新兴工业中有着重要应用。然而，与金属材料和无机材料相比，橡胶本身具有工程强度低、模量低、阻隔性能不好等缺陷，因此，橡胶增强是橡胶科学与工程领域研究的重点之一；同时，橡胶材料是热的不良导体，由于在动态条件下周期性运动，橡胶材料内部产生的热量会在内部积聚产生局部高温，随着时间的延长，一方面会大大降低橡胶材料的力学性能，另一方面会加速橡胶材料的内部老化从而造成橡胶材料力学性能进一步下降，最终会使橡胶材料的使用寿命大大降低。由于橡胶材料在很多情况下都是在动态条件下使用，因此，橡胶制品在动态应变中的能量损耗尤其是动态生热是很重要的。目前，橡胶材料的增强和改性已成为提高橡胶材料应用性能的重要组成部分，填充增强材料的功能化设计是橡胶材料增强改性的一种有效、普适的手段。因此，对于橡胶用功能填充材料的制备、设计以及填料-聚合物互相作用研究具有重要的理论价值和实际意义。

高岭石是一种典型的天然二维1∶1型层状黏土矿物，其基本结构单元是由一层硅氧四面体和一层铝氧八面体通过共用的氧连接而成，晶层单元通过氢键和范德瓦耳斯力（也称范德华力）连接，单元层的厚度为1～2nm，具有天然的纳米尺度；高岭石晶格内几乎没有外来的离子，不存在同晶置换，层间电荷几乎为零。在实际赋存中，由于片层间的离子作用、电荷作用、氢键以及其他化学键合作用，高岭石颗粒常常相互集聚形成聚集体；同时，高岭石的片层表面和端面还分布着一定量的铝醇基和硅烷醇基官能团。因此，对高岭石进行片层解离和表面功能化处理可以制备橡胶增强微纳米功能填料；将高岭石基功能填料均匀分散于聚合物基体系中，制备的高岭石/聚合物复合材料将具有优异的力学性能、热稳定性能、气液阻隔性能和耐候性能等。同时，高岭石的储量丰富，加工过程中对环境的污染和影响较小。因此，将高岭石功能化处理后作为橡塑功能填料成为制备无机/聚合物微纳米复合材料的理想选择之一。

高岭石的基本结构单元是二维排列的以硅为配位中心的硅氧四面体和以铝为配位中心的铝氧八面体。四面体的中心为一个硅原子，四个氧原子以相等的距离分布在四面体的四个顶角上；从单独的四面体来看，四个氧原子还有4个剩余的负电荷，因此各个氧原子还能与相邻的硅离子结合，从而在平面上相互连接，形成四面体层。八面体的中心是一个铝原子，其与三个氧原子和三个羟基等距离连接，由于还有剩余电荷，氧原子还能与另外一个邻近的铝离子相结合，从而在平面上相互连接，形成八面体层。高岭石的结构单元层是由一层铝氧八面体片层（三水铝石层）和一层硅氧四面体片层按照比例交替排列而成；相邻结构单元之间通过硅氧四面体的顶氧原子与相邻铝氧八面体的羟基形成氢键，单元层之间靠氢键和范德瓦耳斯力连接。

高岭石晶格内的硅铝同晶置换较少，层间几乎没有外来离子，可交换离子容量较低。因此，高岭石的晶胞内电荷平衡。高岭石的边面在酸性、中性和弱碱性的环境下均带正电，而在强碱的条件下带负电；高岭石的板面带负电。因此，高岭石表面总体上负电荷多于正电荷，一般呈现负电性。高岭石的层间主要由氢键相连，相互作用力比较大，而且由于硅氧四面体和铝氧八面体之间产生的非对称效应，高岭石的相邻结构单元层间的黏附能很大，相对蒙脱土，具有非膨胀特性。高岭石作为酸性填料，在其表面分布着硅氧烷复三角网孔和铝醇基、硅烷醇基官能团以及大量的 Lewis 酸活性点，这些活性基团是高岭石改性和表面反应的基础。高岭石悬浮液具有低的黏度，良好的流动性和分散性。

高岭石是一种以高岭石黏土矿物为主要成分的非金属矿产资源，天然的高岭石是由高岭石、地开石、珍珠陶土以及埃洛石等矿物单独或者混合组成。在我国，高岭石的资源储量大，地域分布广，全国 16 个省份都有分布，其中，软质高岭石总储量的 80% 以上分布在华东和中南等地区。根据品位、可塑性和砂质（云母、石英、长石等矿物粒径≥5μm）含量的高低，可以把天然产出的高岭石矿产划分为煤系、软质和砂质高岭石三类。在我国，高岭石资源主要分为两类：一类是非煤建造型的软质高岭石，其资源储量为 5.46 亿吨，主要分布于华南地区；另一类为含煤建造型高岭石，其远景储量及推算储量为 180.5 亿吨，居世界首位，主要分布于山西、内蒙古、陕西、河北和宁夏等地区。

高岭石矿床按照地质成因分为沉积型、风化型和热液蚀变型三种类型。沉积型高岭石的主要矿物组分为高岭石，通常矿床中还包括微量的有机质、一水软铝石、石英、云母等杂质，主要分布于山西、河北和福建等地区；风化型高岭石矿床主要属于砂质型高岭石，它的矿物组成主要以高岭石为主，同时矿产中还会含有少量的其他矿物集合体；热液蚀变型高岭石以高岭石、地开石和埃洛石为主要矿物组成，一般还含有少量或微量的黄铁矿、明矾石、石英、云母等。

1.2　高岭石的加工处理

高岭石作为一种重要的无机非金属矿产，在橡塑材料、涂料造纸和农业等领域有着广泛的应用。将高岭石细化后作为填料用于橡塑材料的补强剂和造纸行业的添加剂，可显著改善和提高制品的质量和档次，因此，粒度是衡量高岭石产品的一个至关重要的指标。高岭石细化的方法有四种，分别为湿法细化、干法细化、干湿法混合细化和纳米化技术，其中干法和湿法细化以及混合方法都是传统方法。总体上讲，干法细化的生产成本较低，制得的高岭石产品的粒度一般为 $10\mu m$ 左右；经过进一步的超细化后，可以制得 $2\mu m$ 在 $80\%\sim90\%$ 范围内的高岭石产品。相对于干法细化，湿法细化最终得到的高岭石产品的粒度可以达到 $2\mu m \geqslant 90\%$。但是，湿法细化的成本较高，工艺较为复杂，对生产设备的要求高。干湿法混合细化技术是将干法和湿法细化技术按不同的先后顺序混合使用，但是总体上其工艺还是比较复杂，成本相对较高。相对于传统的高岭石细化方法，纳米化技术的原理是首先利用化学手段减弱高岭石的层间作用力，然后进行片层

　高岭石表面修饰及其在橡胶中的应用

解离处理，从而得到微纳米级高岭石。通常是利用插层手段将极性有机试剂插入到高岭石层间从而使层间作用力减弱或破坏，然后再对插层后的高岭石进行超声水洗或微波处理，进行强烈的物理化学反应，最后再经过研磨、磨剥剥片、喷雾干燥等技术制得微纳米级高岭石。

1.2.1　高岭石的插层研究

　　高岭石插层是目前制备纳米级高岭石最有效的方法。由于高岭石的结构单元是由铝氧八面体的羟基和硅氧四面体等比例以羟基结合在一起，单元层通过氢键结合，层间的作用力较大。因此，只有一些极性较强的有机试剂可以破坏层间的作用进入到高岭石层间，使其层间距离增加，达到剥离的效果。由于插层反应时，极性的有机分子在层间的排列从无序趋于有序，在热力学上为熵减过程，属于非自发反应，因此需要一定的条件才能进行。

　　高岭石的插层研究始于 20 世纪 60 年代，当时研究目的主要是用有机低分子量化合物研究高岭石等黏土矿物的膨胀性，从而作为黏土矿物鉴定的一种手段，在此时期，国外的研究人员首先制备了高岭石和埃洛石的有机插层化合物。随着黏土科学的发展，研究人员利用不同的插层剂制备了一系列高岭石插层复合材料。二甲基亚砜（DMSO）和醋酸钾首先被作为插层剂插入高岭石层间，制备了二甲基亚砜/高岭石和醋酸钾/高岭石插层复合物，并对制备途径进行了研究分析。在碱卤化物插层高岭石的研究中发现卤化物中只有氯化铷、氟化铯、氯化铯、溴化铯能够直接插入层间，其余的只能通过间接方式进入层间。随着表征手段的不断发展，在高岭石插层反应的影响因素研究方面，发现影响插层的主要因素包括高岭石微粒的粒径、高岭石结晶的有序度、插层剂分子类型、插层方法和高岭石中所含杂质的类型。在制备方式方面，研究利用超声和微波辐射等能量形式和诱导化学反应，有效地改变了传统的插层高岭石费时、低效率的缺陷，大大提高了插层效率，把原来两个月或几十小时的时间缩短到 3～4h；在微波辐射的条件下对高岭石进行插层时，微波对小尺寸、大偶极距的二甲亚砜类分子的插层效果有很明显的促进作用。对小偶极距的醋酸钾、尿素类分子的作用则很不明显。这提示人们可以利用微波对二甲亚砜类分子插层的促进作用，快速合成二甲亚砜类有机插层复合体，为工业生产高岭石有机插层复合材料和制备超细甚至纳米级高岭石打下基础；采用保温研磨的方法对高岭石进行插层反应，相对以往利用饱和醋酸钾溶液浸泡插层，不但降低了醋酸钾的用量，而且加快了插层反应速率，可以明显促进高岭石的剥离，由于醋酸钾/高岭石插层复合物不稳定，冲洗后插层复合物结构坍塌，经插层剥片后制备超细高岭石。研究者还利用取代法制备了大分子插层高岭石复合物。以高岭石/甲醇插层复合物作为中间体可以将吡啶插入到高岭石层间，高岭石的层间距进一步增大到 1.22nm。同时研究人员发现当高岭石层间距增大到原来的 7 倍时，将会引起高岭石片状结构的弯曲，形成类似埃洛石状的管状物质。

研究者利用红外光谱、拉曼光谱和热分析等手段对高岭石有机插层复合物的结构以及层间官能团的结合情况进行了系统和深入的研究。通过高岭石和乙二醇（EG）之间的有机反应发现含水量会导致反应向生成自由醇方向进行，形成稳定性较差的有机复合物；而无水的条件下反应向利于共价接枝表面醚的形成方向进行。在插层复合物的模拟计算方面，研究人员采用化学软件模拟了小分子在高岭石层间存在状态和方式，系统深入研究分析了复合物的演化规律；通过材料模拟计算和第一性原理等方法进一步证明了小分子插层剂在高岭石层间的存在方式。目前，利用软件对高岭石有机小分子插层进行模拟一直是黏土矿物结构分析领域的热点。

1.2.2 高岭石的剥片研究

高岭石剥片是高岭石纳米化的一种技术，同属生产纳米高岭石的超细粉碎范畴，但较超细粉碎又有不同的要求。所谓剥片，就是通过机械或化学的方法，使叠层状的高岭石剥离成单片的高岭石晶体，并使其粒度变小以达到纳米级。高岭石的晶体结构决定了高岭石的剥片机理。对于层状高岭石，其层内是结合较强的离子键与共价键，难以使之破裂，而层与层之间却是结合较弱的氢键。氢键一旦断裂，高岭石即沿层与层间破裂，形成一个个单一的薄片状晶体。剥片具有使用超细粉碎设备和工艺的共同特点，其差别仅在于通过选择合适的作用力及不同力的组合，以保证细磨中高岭石单晶片不受破坏。磨剥法的原理是借助研磨介质在水中的相对运动，相互间产生剪切、挤压、冲击和磨剥作用，使较大的叠层剥开，并趋向于单个晶体。

磨剥法是目前国内外普遍使用的传统剥片方法，磨剥法主要使用的设备有介质搅拌磨、球磨机和砂磨机，技术比较成熟。将计算控制系统与磨剥设备连接可以降低工人的劳动强度，提高生产的安全性；同时也可以保证产品产量和质量稳定。但是，传统方法磨剥时间长，磨机运转能耗很高，而且需要使用大量的特质磨矿介质，要配有专门生产磨矿介质的工厂，同时会给高岭石带来杂质。最典型的高岭石磨剥设备有球磨机和介质搅拌式研磨机，这两种设备都是借用了高岭石的结构特性（高岭石属于层状硅酸盐），在外力的作用下，这些层与层之间的作用力就会被破坏掉，从而使得高岭石变成很小的颗粒，达到超细化的最终目的。可以看出磨剥法制备机械在近几年来没有大的发展，但除了粉碎机械以外，更多的研究者与制造商开始关注有关分级、过滤、干燥、造粒等方面机械设备的研究与开发，从而使高岭石进一步纳米化。

高压挤出法的原理是将浆料在容器中通过活塞泵给其一定的压力，使高压料浆在均浆器的喷出口表面经过硬化处理的很狭窄的缝隙，以一定的速度相互磨挤喷出，高速喷出的料浆射到常压区的叶轮上，突然改变运动方向，则产生很强的穴蚀效应。高压料浆由喷嘴喷出时，由于压力突然急剧降低，从而使料浆中的高岭石即沿层与层间破裂，形成较薄的高岭石片状晶体。

化学浸泡法是用化学药剂对高岭石进行浸泡，这些浸泡剂浸入到高岭石叠层中，使得高岭石层间距变大，层间氢键结合力随之变弱，高岭石晶层间的结合力也就变弱，从而使高岭石叠层分开。在涂布料、陶瓷原料、橡胶填充剂、油漆和涂料的添加剂等领域，均要求高岭石的粒度在 $1\mu m$ 以上，一般为 $2\mu m$ 左右。$1\mu m$ 是目前超细粉碎手段所能达到的底线。高岭石产品的特征参数包括比表面积、亮度、晶粒的大小和形状，直接决定其在技术上的应用性。若能在较短时间内，成功使高岭石剥片达到纳米级别，将会带来工业上的革新，产生良好的效益。由于插层作用可使高岭石剥片易于进行，采用插层作用和剥片相结合的方法，不仅有望在短时间内取得较好的剥片效果，而且可保持良好的晶体结构。

1.2.3 高岭石的表面改性

目前，无机粉体的表面改性技术主要分为几大类：

① 表面包覆改性：表面包覆改性是通过一系列工艺将表面改性剂的功能官能基团包覆到无机粉体的表面，从而对无机粉体进行表面改性修饰。目前，工业上常用的表面改性剂主要包括硅烷偶联剂、钛酸酯偶联剂、铝酸酯偶联剂、高级脂肪酸及其盐

高岭石表面修饰及其在橡胶中的应用

类、聚丙烯酸盐和有机硅等。

② 机械力化学改性：机械力化学改性是通过强烈的机械力作用（剪切或磨剥）有目的地激活颗粒表面，改变无机粉体的表面晶体结构和物理化学结构，暴露更多的缺陷和活性基团，使其结构复杂或无定形化，增强它与有机物或其他无机物的反应活性，达到粉体表面改性的目的。机械化学作用可以增加颗粒表面的活性点和活性基团，增强其与有机基质或有机表面改性剂的使用性。以机械力化学原理为基础发展起来的机械融合技术，是一种对无机颗粒进行复合处理或表面改性，如表面复合、包覆、分散的方法。

③ 沉淀包膜改性：沉淀包膜改性法是利用化学沉淀反应将表面改性物沉淀包覆在粉体颗粒表面，从而达到表面改性的目的。沉淀包膜技术是一种无机/无机包覆或无机纳米/微米粉体包覆的粉体表面改性方法。

④ 化学插层改性：化学插层改性是指利用层状结构的粉体颗粒晶体层之间结合力较弱（分子键或范德瓦耳斯键）或存在可交换阳离子等特性，通过化学反应改变粉体的性质的改性方法。用于插层改性的粉体一般来说具有层状或似层状晶体结构，包括蒙脱土、高岭土等层状结构的硅酸盐矿物或黏土矿物以及石墨等。目前用于插层改性的改性剂大多为有机物。

⑤ 复合改性：复合改性法是指综合采用多种方法（物理、化学和机械等）改变颗粒的表面性质以满足应用的需要的改性方法。目前应用的复合改性方法主要有物理涂覆/化学包覆、机械力化学/化学包覆、无机沉淀反应/化学包覆等。

目前，高岭石的表面改性修饰主要基于化学改性和物理改性两种工艺方法。在化学改性方面，主要是偶联剂改性，通过化学方法将偶联剂包覆在高岭石颗粒表面，使高岭石表面性质由亲水疏油性变成亲油疏水性，同时经过偶联剂改性后的高岭石能够和有机相拥有更优良的相容性。表面包覆改性是指通过物理或者化学吸附的方法，将一些有机物或者无机物包覆在高岭石颗粒表面，从而实现对高岭石改性的工艺。高岭石经过表面改性后，具有很好的疏水性和亲油性，在聚合物基体中分散性更好，不易发生团聚，与聚合物具有更好的相容性。将表面包覆后的高岭石作为填料填充到聚合物基体中，从而达到提高聚合物复合材料制品使用性能的目的。热改性就是通过对高岭石进行不同程度的煅烧来达到对高岭石改性的目的。煅烧可以将高岭石中的有机质和结构中的—OH排出，增大高岭石颗粒粒径，使高岭石更加松散，孔隙率更大。同时，高岭石在煅烧过程中，高岭石中的硅和铝在相变过程中化学环境不同，使结构中的Al具有酸反应活性，而活化的硅容易与碱性物质发生反应，达到改性的目的。

稀土元素具有特殊的电子结构（通常离子最外层的电子排布为 4fn5s26p6），由于 5d 轨道为空轨道，因此提供了良好的电子转移轨道。稀土元素在合成橡胶中的应用主要有三个方面：

① 稀土催化合成橡胶：主要基于以钕系催化剂为主要组分的均相催化体系，目前在聚丁二烯橡胶（BR）和异戊橡胶（IR）的工业化生产中比较成熟；

② 稀土硫化助剂：主要是基于稀土配合物体系调节橡胶分子的交联作用，从而促进或延迟（用于厚制品）橡胶的硫化时间；

③ 功能性稀土填料：主要以稀土氧化物或稀土羧酸盐类为主，由于稀土元素的空轨道易形成络合物，稀土填充聚合物在受力时稀土元素与聚合物分子之间可能形成"瞬时巨大络合物"，从而明显改善填充橡胶材料的耐老化、耐疲劳、耐热和耐油等性能，在稀土增强改性橡胶领域，总体的研究趋势是纳米化、多功能和低成本。但是，稀土粒子纳米化后易团聚，造成其增强改性效果大大降低，如何保证纳米尺度的稀土粒子在橡胶体系中均匀

分散成为实现稀土功能性的前提条件之一。

1.3　黏土/橡胶纳米复合材料的制备与表征

黏土/橡胶纳米复合材料是以橡胶为基体，利用物理或化学作用，对黏土颗粒进行改性处理，然后依靠黏土片层与橡胶分子的相互作用使片层结构解离，从而使黏土颗粒以纳米尺度均匀分散于橡胶基体中制备的。

在黏土/橡胶复合材料体系中，黏土粒子与聚合物分子作用后，根据黏土分散相尺度和分散状态的不同，复合材料可以分为四种类型：①常规型复合材料；②插层型纳米复合材料；③无序剥离型纳米复合材料；④有序剥离型纳米复合材料。在插层型纳米复合材料中，层状硅酸盐层间距虽然有所扩大，片层有所解离，但仍保持一定量片层的相对有序性；在剥离型纳米复合材料中，硅酸盐片层完全被单体或聚合物解离，无序分散在聚合物基体中的是硅酸盐单元片层，此时，硅酸盐黏土与聚合物实现了纳米单元片层的均匀混合，剥离型是插层型分散的最终形式。图 1-1 为黏土/橡胶复合材料的结构示意图。

1.3.1　黏土/橡胶复合材料的制备方法

目前，黏土/橡胶纳米复合材料的制备途径主要有以下几种：插层聚合法，聚合物插层法，溶胶-凝胶法，原位分散法以及直接共混法等。利用以上方法，研究人员成功地制备了一系列黏土/橡胶纳米复合材料，并对不同制备方法的优势和不足进行了持续改进。

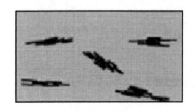

(a) 常规型复合材料

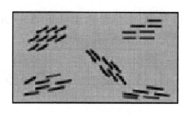

(b) 插层型纳米复合材料

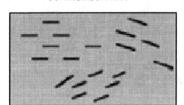

(c) 有序剥离型纳米复合材料

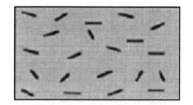

(d) 无序剥离型纳米复合材料

图 1-1　黏土/橡胶复合材料体系的结构类型

　　插层聚合法：插层聚合的方法是首先利用有机分子（容易聚合的）对黏土进行插层反应或与黏土层间的粒子进行交换，从而得到有机化的有机黏土；然后将有机黏土在极性溶剂中分层（相当于二次插层）；最后将橡胶的聚合单体和引发剂加入其中，在引发剂的作用下，橡胶聚合单体在黏土层间和片层表面发生原位聚合，从而制得橡胶/黏土纳米复合材料。这种方法的优势是黏土片层可以在橡胶基体中均匀分散，同时黏土与橡胶基体的作用是化学键结合，复合材料的强度较高，但是其反应复杂，不易控制，成本也非常高。

　　聚合物插层法：聚合物插层法是通过力学或热力学作用，将橡胶分子链段直接插入到黏土颗粒的片层结构中，使黏土片层分离并均匀地分散在橡胶基体中，从而制备黏土/橡胶纳米复合材料的方法。根据制备的途径可以分为溶液插层法、乳液插层法和熔体插层法。溶液插层法是在搅拌的条件下，将橡胶溶液添加到黏土的水或有机分散液中，使橡胶分子和黏土片层结构在力学和热力学作用下充分反应，然后脱去溶剂，得到纳米复合材料。在前期，研究人员首先将黏土分散在水相中，然后将橡胶溶液在强搅拌的作用下加入到黏土水溶液中，橡胶分子在两相界面通过离子交换插入到黏土层间，从而制得了黏土/橡胶复合材料。此外，还可以将丁苯橡胶溶解在甲苯中制成丁苯橡胶甲苯溶液，将其与黏土共混，制得丁苯黏土/橡胶纳米复合材料，这种方法的关键是寻找合适的单体和相容的聚合物黏土矿溶剂体系。其工艺比较简单，但是黏土的添加量较低，成本也比较高。乳液插层法是首先将一定量的黏土样品分散在水体系中；然后在强力搅拌作用下加入橡胶乳液，使橡胶分子与黏土片层充分接触作用，以橡胶的大分子胶乳粒子对黏土片层结构进行插层和解离；然后在共混体系中加入共凝剂使共混液共沉，脱去水分，烘干，从而制得黏土/橡胶纳米复合材料。乳液插层法的优势在于大多数橡胶都具有乳液的形式，相对于其他方法，工艺最简单，反应过程也比较容易控制，成本比较低，同时为了改善黏土片层和橡胶胶乳粒子的界面作用，还可以对黏土表面进行偶联剂的表面修饰，而且橡胶胶乳粒子的直径越小，分散的效果越好，这些都可以提高反应的效果和速率。该制备方法具有相当的工业化基础，最有可能首先制备出工业化的黏土/橡胶复合材料。熔体插层法原理是首先利用有机试剂对黏土进行有机化处理，得到层间距扩大的有机黏土；然后将有机黏土与其他的促进剂、硫化剂加入到橡胶熔体中进行机械共混从而制备得到复合材料。这种合成方法的工艺相对简单，加工成本也比较低；但是由于黏土样品与橡胶熔体只是进行了简单的机械共混，其插层作用的驱动力属于物理作用，因此，黏土片层结构与橡胶分子链段的界面结合为物理结合，复合材料中分散相多为黏土片层结构的紧密聚集体，分散相的尺度较大。利用此方法，可以制备硅橡胶等橡胶纳米复合材料。

溶胶-凝胶法：溶胶-凝胶法又称为前驱体法。这种方法的原理是将金属的无机盐或者金属烷氧化物等前驱体溶解在水相或有机溶剂中，然后与聚合物（橡胶）的基体或单体混合，前驱体经过水解反应生成纳米级的粒子并形成溶胶，通过缩合和聚合物单体的聚合反应，分散相在聚合物基体中形成纳米尺寸，进而经过蒸发干燥制得。该方法的反应条件比较温和，而且最大的优势在于可以在分散相生成的同时控制其尺寸、粒径分布以及在基体中的分散情况。但是，该制备方法成本较高，对环境具有一定程度的污染和损害。此外，相对其他的方法，该方法制备的材料面积或厚度较小。

原位分散法：原位分散法是通过不同的分散和共混途径将黏土的颗粒均匀分散在橡胶聚合单体溶液中，然后通过橡胶聚合单体的聚合形成分散相分散性良好的橡胶/黏土纳米复合材料。原位分散法的优势在于其反应条件较为温和，加工操作也比较简单，分散相在制成的复合材料基体中分散非常均匀，分散性较好。同时由于不需要热加工，避免了聚合物分子的降解，从而保证了复合材料在加工过程中和使用过程中性能的稳定。

纳米粒子直接共混法：直接将黏土粒子和橡胶共混。其主要包括溶液共混、乳液共混、熔融共混。溶液共混法是首先将橡胶基体或单体溶解在有机溶剂中，然后对黏土进行有机化处理后将其加入到橡胶溶液中，通过搅拌等方式使黏土粒子与橡胶大分子充分接触作用，分散在橡胶基体中，然后脱去溶剂制备出黏土/橡胶纳米复合材料。乳液共混法与溶液共混的加工方式相似，只是将橡胶溶液换成了橡胶的乳液。相对于前面两种共混方法，熔融共混法则是先利用表面改性剂对黏土样品进行表面改性处理，然后将改性的黏土加入到橡胶基体中，在高于橡胶的玻璃化温度的条件下进行共混加工制得橡胶黏土复合材料。该方法具有简单易行、成本低的优点，但是由于黏土颗粒处于纳米级水平，表面能以及比表面积很大，而且橡胶基体的黏度很大，因此颗粒在基体中不可避免会出现团聚现象，从而导致分散相的分散性降低，影响复合材料的综合性能。

1.3.2 黏土/橡胶纳米复合材料的力学性能

黏土矿物具有天然的纳米尺度,将其进行细化和表面改性处理后,加入到橡胶基体中,与橡胶基体具有很好的相容性。由于黏土片层较大的比表面积,其与橡胶基体具有较强的物理和化学结合作用,因此,可以显著提高复合材料的力学性能,同时由于黏土矿物独特的片层结构以及表面基团,对于橡胶复合材料的加工性能也具有一定程度的改善。很长一段时间,对于橡胶/黏土纳米复合材料的制备和性能研究主要基于蒙脱土填充橡胶复合材料,这是由于蒙脱土层间作用比较弱,易于被有机试剂和聚合物分子插层。

1987 年,日本的丰田研究所首次报道了将黏土(蒙脱土)和尼龙利用原位插层聚合法制备尼龙/蒙脱土纳米杂化材料。其后,日本丰田所、美国的康奈尔大学、密歇根大学对尼龙/蒙脱土纳米复合材料的制备方法、影响因素以及结构表征进行了广泛深入的研究。国内研究者分别利用氨基酸和聚醚多元醇等功能分子对蒙脱土进行预处理,制备了一系列黏土/聚合物纳米复合材料。与未经处理的黏土相比,经过表面功能化处理的黏土填充聚合物纳米复合材料的力学性能得到不同程度的提高。在黏土/橡胶纳米复合材料的制备方法研究方面,研究者分别利用不同的合成方法制备了不同的聚合物/黏土纳米复合材料。以甲基丙烯酸甲酯、马来酸酐和丙烯酸丁酯三单体的固相接枝共聚物作为相容剂,利用熔融共混法制备了蒙脱土/聚丙烯纳米复合材料,研究结果发现:蒙脱土在聚丙烯基体中主要以插层形式存在,存在少量的剥离结构。少量黏土的加入就会使复合材料的力学性能有显著的提高,其中拉伸强度提高了 10%,弯曲模量提高近 90%,

冲击强度提高了88%。通过缩聚方法，利用机化蒙脱土制备了黏土/聚对苯二甲酸乙二醇酯纳米复合材料，有机蒙脱土在复合材料基体中分散性良好，随着有机黏土填量的增加，拉伸强度和弯曲强度也不断增加。以钠基蒙脱土和聚甲基丙烯酸甲酯（MMA）为原料，分别采取不同的途径制备了聚甲基丙烯酸甲酯/蒙脱土纳米复合材料，三种途径分别为：①单体的MMA在引发剂的作用下直接和钠基蒙脱土进行共混预聚；②钠基膨润土首先利用长链烷基季铵盐进行改性处理，然后和MMA单体进行共混聚合；③先将长链烷基季铵盐和MMA单体进行预聚，然后加入钠基蒙脱土继续进行聚合，黏土填充纳米复合材料呈现优异的力学性能。

高岭土和蒙脱土在主要化学组成和结构上具有相似之处，但是高岭土层间不存在同晶置换，层间距较小，层间的结合比较强。因此，高岭土不容易被插层，复合材料的制备比较困难，但是高岭土表面的羟基活性较低，由其制备的橡胶复合材料在加工过程中可以减少对促进剂的吸附，改善复合材料的加工性能；还可以降低由硅酸盐表面羟基引起的聚合物老化。同时，高岭土没有吸水膨胀性质，其还可以应用于涂料、造纸等领域。国内研究者利用不同的方法制备了微纳米级高岭土，分别采用干法和湿法改性工艺对纳米高岭土进行了表面修饰，高岭土填充橡胶制品的力学性能有了很大的提高，同时加工性能也有了不同程度的改善。与白炭黑填充的橡胶材料相比，填充复合材料的回弹性、拉伸性能较好，而撕裂强度、定伸应力稍差。

1.3.3 黏土/橡胶纳米复合材料的动态性能

填料填充到橡胶基体中后，与纯橡胶材料相比，复合材料的动态性能会具有显著的差异。经过理论和实践的证明，橡胶材料的动态性能，包括动态模量以及滞后损耗，在很大程度上会受到填料参数的影响。研究者对填料的比表面积、粒径分布以及填料聚集体的形态对橡胶材料动态性能的影响做了一定程度的工作，同时填料的表面化学性质以及形态结构也可以大大改变填充材料的动态性能。橡胶材料的动态性能主要包括两个方面：一个是橡胶材料的动态模量，包括弹性模量（或储存模量）和黏性模量（或损耗模量）；另一个是损耗因子，它是黏性模量和弹性模量的比值，与动态应变中的能量损耗相关。这是填料对于橡胶材料动态性能影响分析的理论基础。研究者对炭黑填充橡胶材料的硫化胶和未硫化胶的动态模量和损耗因子与温度的关系做了系统的研究，分析了炭黑的填充用量对硫化胶的动态模量（弹性模量和黏性模量）、损耗因子与温度、振幅的动态变化关系。实验结果表明：硫化胶的弹性和黏性模量在所研究的温度范围内随着炭黑填量的增加同时增大，而对于硫化胶的损耗因子则具有一定的区别，在低温下，损耗因子的值随着炭黑填量的增加而逐渐降低，但在高温下，两者的关系却正好相反；对于动态模量和损耗因子与振幅的关系，随着炭黑填量的逐渐增加，动态模量（弹性模量和黏性模量）逐渐增加，同时弹性模量的降低速率也不断增大，损耗因子也是不断增大，与应变的依赖关系也不断加强。在白炭黑研究方面，利用橡胶加工分析仪（RPA）对硅烷处理的白炭黑填充的橡胶体系进行了动态性能研究。结果发现：白炭黑经过非极性硅烷处理后具有了疏水性质，与橡胶基体具有良好的相容性，填充胶料的损耗因子显著下降，并分析了复数模量和损耗因子的应变依存性，从而对白炭黑-硅烷填料系统的补强作用有了更深一步的了解。在蒙脱土研究方面，利用动态热机械仪对纳米蒙脱土/丁苯橡胶复合材料的动态力学性能进行研究分析发现：复合材料的动态模量随着蒙脱土填充度的增大先上升后下降，当蒙脱土的填充量在 5 份时，复合材料的动态模量达到最大值；复合材料的玻璃化转变温度则随着蒙脱土填充度的增大先下降而后上升，填充5份蒙脱土时，相对于未填充材料，复合材料的玻璃化转变温度降低了约1℃。在橡胶类型差异研究方面，研究者利用动态力学分析技术，对于不同胶料的滚动阻力、湿抓着性以及生热率做了研究分析。结果发现：丁苯橡胶（SBR）的滞后损失较大，生热率相对较高；而顺丁橡胶（BR）的抗湿滑性较差；将NR、BR和SBR按60：20：20混合使用时，混合胶料具有较低的滚动阻力和生热率，以及良好的湿抓着性。同时，作者还通过研究分析发现炭黑N121比N115的滚动阻力和生热率都小，湿抓着性良好。

1.3.4 黏土/橡胶纳米复合材料的气体阻隔性能

在橡胶领域，很多橡胶制品对于橡胶材料的气体阻隔性能具有严格的要求，尤其是在汽车内胎、储气胶囊、航空材料等高新领域。但是气体在一定的压力作用下可以缓慢地通过橡胶基体从而产生泄漏，因此，纯橡胶材料具有不同程度的透气性，其阻隔性能需要进一步提高。同时随着科技的进步，各个领域对于橡胶材料的气体阻隔性能的要求也越来越高，例如：美国通用汽车公司只接受经检测每月压力降低小于2.5％的乘用胎，而米其林公司的轮胎压力降低一般在2.0％。美国交通部制定了监视轮胎内压系统的规定，自2003年11月1日执行。在欧洲，对轮胎气密性的要求更高，并且做了大量提高轮胎气密性的工作。研究人员很早就对各种橡胶材料的气密性能做了理论研究和实践应用工作。Graham在1866年基于天然橡胶的气体渗透性能研究提出了"溶解-扩散机理"概念，直到今天仍被沿用。同时，一些具有极性、大体积基团的合成橡胶，由于其结构特性，透气性只有天然橡胶的1/3～1/8，具有天然优良的气体阻隔性能，例如丁腈橡胶、氯丁橡胶和丁基橡胶等。因此，随着合成橡胶的不断发展，人们不断开发一些特定合成的橡胶来代替天然橡胶以满足橡胶制品的需要。对于橡胶材料气体阻隔性能的提高和改善的研究越来越受到研究者的重视和关注。

保持橡胶材料气密性，提高其气体阻隔性能的方法主要有两种：第一种是如上文所述，选用特种的合成橡胶或经过化学改性的橡胶，例如丁腈橡胶、丁基橡胶以及改性处理的环氧化天然橡胶等；第二种方法是将经过处理的纳米填充剂加入到橡胶基体中，起到阻隔的效果，从而改善橡胶材料的气体阻隔性能，保持其气密性。通过比较，第二种方法是一种经济廉价的方法，而且经过研究表明，层状硅酸盐黏土矿物作为一种天然的无机纳米材料，经过表面处理以后，填充到橡胶材料中，可以显著改善橡胶材料的气体阻隔性能，而且对于橡胶的其他性能也有良好的改善效果。研究者用改性蒙脱土分别填充到丁苯橡胶、丁腈橡胶、丁基橡胶和天然橡胶中，制备了一系列橡胶/黏土纳米复合材料，并做了大量研究，证明具有良好分散性的新型纳米黏土材料可以有效地提高橡胶材料的气体阻隔性能。一系列的理论研究和实践应用工作表明橡胶/黏土纳米复合材料气体阻隔性能的主要影响机制分为两个方面。一是在于橡胶本身的性质，气体在橡胶基体中的溶解扩散与聚合物的自由体积和分子链段运动相关，层状黏土粒子填充到橡胶基体中后，与橡胶分子链段结合从而降低了自由体积的分数，限制了分子链段的自由运动；同时填料粒子对气体的扩散起到了阻隔的作用，从而延长了气体分子的扩散路径。二是黏土粒子本身的性质，填料的表面特性、径厚比以及在橡胶基体中的分散状态，都会对填充复合材料的气密性产生不同程度的影响；同时，填料的填充份数也对复合材料的气密性有着显著影响，随着填充份数的增加，填料在橡胶基体中的有效体积分数升高，束缚橡胶分子链段自由活动的能力加强，在分散较好的情况下，片状结构相对其他结构对填充橡胶的阻隔性能的提高更有优势。因此黏土的填充份数增大，复合材料的气体阻隔性能会相应提高。

1.3.5　橡胶纳米复合材料的表征与测试

黏土/橡胶复合材料的测试技术主要有以下几种：微观结构和形貌分析、热力学性能分析、气体阻隔性能分析、力学性能测试、动态性能分析等。

微观结构和形貌分析：黏土/橡胶纳米复合材料的微观结构和形貌表征测试技术主要有 X 射线衍射（XRD）分析，傅里叶变换红外光谱分析，扫描电子显微镜和透射电子显微镜。扫描电子显微镜和透射电子显微镜是最直接的观察材料微观形态的测试手段，其观察的尺度可以达到微米和亚微米以下甚至纳米级别，可以直接观察橡胶基体中填料颗粒的粒径尺寸、分散状态以及颗粒间的聚集情况。同时，在透射电镜扫描中还可以分析黏土片层结构的插层和剥离的情况。X 射线衍射分析技术可以用来研究和获得黏土的片层结构和聚合物结构的变化信息，而且该技术适用于无机材料和有机材料，在 XRD 分析中，通过对图谱中衍射峰的分析来计算黏土片层间距的变化，从而判断黏土的有机化程度以及聚合物/黏土的插层、剥离的状态。红外光谱分析是通过复合材料结构中各个官能团振动频率的强弱和位移的变化，来分析橡胶分子、改性剂和黏土粒子三者之间相互作用的状态。

热力学性能分析：黏土/橡胶纳米复合材料的热分析主要有热重法、差热扫描量热法、差热分析等。热重法是在仪器程序控制温度的条件下，以一定的升温速率对样品进行加热，同时在加热过程中还可以保持恒温，测试样品的质量随温度变化的关系的一种技术。热重法可以分为等温热重法和非等温热重法。其可以研究在不同的气体氛围中高岭石样品的热稳定性、热分解作用等化学变化，以及用于分析高岭石在加热过程中涉及质量变化的所有物理过程。同时，对于高岭石填充橡胶复合材料的热分析中，可以研究有填充体系的热阻隔和阻燃性能等，通过材料的起始分解温度（失重量10%）、中间失重（失重量50%）等重要指标的变化来判别材料热稳定性。差热扫描量热法和差热分析是一种对加热过程中材料吸收或释放热量或热流进行精密测量的测试技术。其主要的作用机理是将被研究的物质样品和参比物置于同一条件下，按一定的程序加热或冷却，在此过程中，恒定保持测试物质和参比物的温度相同。当测试物质发生热变化时，通过微加热器等热元件给样品补充或减少热量以保持样品和参比物的温差为零，然后通过灵敏的传感器转换为电信号从而将曲线记录下来。由于差热扫描量热法具有灵敏度高、定量量热等优势，应用领域非常广，尤其是在聚合物复合材料领域。而且，差热扫描量热法的样品用量非常少，分辨率和准确度很高，因此，差热扫描量热法和热重法常常联用，共同用来分析聚合物复合材料的热力学性质，成为一种常规测试和基本研究方法。

气体阻隔性能分析：橡胶材料的气体阻隔性能是评价橡胶制品应用性能和应用范围的重要指标之一，对此，我们国家出台了明确的测试标准。橡胶材料阻隔性能的好坏通常是测试不同气体在特定的温度下在橡胶材料中的渗透率来说明的，因此，渗透率是橡胶材料气体阻隔性能的重要衡量指标。渗透率是在标准温度和标准压力的稳定状态下，气体在橡胶中的透过率。其值等于在单位压差和一定温度下，通过单位立方体硫化橡胶两相对面气流的体积速率。硫化橡胶渗透率的测定，主要有恒容法和恒压法两种。

力学性能分析：力学性能表征主要是通过测定橡胶/黏土纳米复合材料的力学性能和加工性能，间接表征复合材料品质。测试的指标包括拉伸强度、撕裂强度、定伸强度、扯断伸长率、扯断永久变形、硬度、磨耗、屈挠等。橡胶材料的动态力学特性是指在周期性交变应力和应变作用下胶料所发生的动态模量（储能模量和损耗模量）变化以及滞后现象。在这种情况下，应力和应变都是时间的函数，但是应变落后应力一定的相位角，即滞后损耗角，这是橡胶材料产生滞后损耗和生热的主要原因。动态力学性能测试相对于橡胶材料静态力学性质（定伸应力、拉伸强度）测试的特点是：其测试频率较高，应变振幅较小。目前，对于橡胶材料动态性能测试方法主要有 DMA（动态热机械分析）和 RPA（橡胶加工性能分析）两种技术手段。RPA 可以在周期性的动态应变和温度条件下测量橡胶胶料动态模量和滞后损耗，主要是在宽域的应变振幅和温度范围内进行扫描，从而分析填料在橡胶基体中的网络结构和聚集状态，可以对未硫化胶或硫化胶进行研究；DMA 测试方法是胶料在一定的频率和应变条件下，测试橡胶材料的动态性能参数（储能模量、损耗模量、损耗因子等）与温度的相互关系，从而判断橡胶材料的抗湿滑性能和滚动阻力大小，进一步计算材料的生热率。

第 **2** 章

高岭石细化处理

高岭石作为一种层状结构硅酸盐黏土矿物材料，在陶瓷行业、造纸行业以及橡胶行业等领域具有广泛的应用，发挥着重要的作用。不同行业对于高岭石的粒度尺寸有不同的要求。在橡胶复合材料的制备和应用过程中，必须对填料进行细化处理，从而改善和提高填充橡胶复合材料的机械力学性能。高岭石的粒度是衡量高岭石产品质量和应用性能的重要指标之一。在橡胶领域，高岭石的粒度对橡胶材料的加工性能和力学性能具有显著的影响，传统高岭石只是起到了填充的作用，而当对高岭石进行超细化处理后，可以使高岭石的颗粒达到微纳米尺度，作为功能性填料均匀分散到橡胶材料基体中，橡胶复合材料的综合性能得到显著的提升，从而起到了填充和补强的双重效果。同时，高岭石的细化处理还可以改善填充橡胶复合材料的热稳定性能、气液阻隔性能和耐候性能等。因此，高岭石的细化处理对于改善高岭石的应用性能，拓宽高岭石的应用领域，具有极为重要的作用和实际意义。

2.1　插层方法与原理

　　高岭石的基本晶层单元由一层硅氧四面体和一层铝氧八面体通过共同的氧连接而成，每个晶层单元四面体中的氧原子与相邻晶层单元的八面体羟基形成氢键，单元层与单元层间通过氢键及范德瓦耳斯力连接，层间几乎没有外来的离子。在硅氧四面体层中，每个硅原子通过桥氧与其他硅原子相连，6个共角顶的硅氧四面体中的氧连接成复三角网孔，该网孔的直径约为 0.26nm，并以围绕氧原子的环所发射的 6 组未共享电子对轨道为边界，表现出 Lewis 碱的特征。在铝氧八面体层中，八面体中的两个氧原子和四个羟基的分布是固定的，每个铝原子与硅氧层中的两个氧原子相连，并与相邻的铝共用四个羟基，因此，在高岭石的结构层中，在铝氧八面体层的表面分布着三个羟基，其与硅氧四面体形成氢键，称为内表面羟基或层间羟基（OU—OH）；在铝氧八面体与硅氧四面体结合的一侧，铝原子和硅原子共用一个羟基，称为内羟基或层内羟基。因此，内表面羟基会在振动频率的位置和强度上发生偏移和变化，而内羟基一般不会发生移动。由于高岭石的空间结构和特殊的物理化学性质，极性较强的小分子可以插入高岭石层间形成高岭石有机复合物。采用插层的方法可以使有机分子插入高岭石层间，在保持高岭石结构的同时使高岭石层间的作用力减弱，达到层与层之间剥离，从而使其粒径减小，为高岭石的细化处理提供前期保证。

将配制好的酸溶液与二甲基亚砜（DMSO）溶液按照一定的比例混合，配成混合溶液。然后取一定量的高岭石粉体加入配制好的混合溶液中，在不同温度、不同反应时间条件下反应。反应结束后，对反应物进行离心分离，所得产物置于 60℃ 恒温干燥箱中 24h，即得到高岭石-二甲基亚砜（高岭石-DMSO）插层复合物。

将无水氯化铝与甲醇（简写为 Me）溶液混合配制成 1mol/L 的无水 $AlCl_3$/Me 溶液，再将已制备的高岭石-DMSO 插层复合物与无水 $AlCl_3$/Me 溶液按照一定的比例混合，室温下磁力搅拌 12h，离心，并用新鲜甲醇洗涤 3 次，自然风干并密闭保存。所得产物即为高岭石-甲醇（高岭石-Me）插层复合物。

配制一定量质量分数为 50% 的无水乙醇/水溶液，将其置于三口烧瓶中，油浴加热至 80℃，待温度达到 80℃ 后加入称量好的硬脂酸（SA）。随着硬脂酸溶解完全后，再加入一定量的高岭石-Me 插层复合物，磁力搅拌并冷凝回流 72h，离心，并用质量分数为 50%、温度为 80℃ 的无水乙醇/水溶液洗涤三次以上，自然干燥，即得高岭石-硬脂酸插层复合物（高岭石-SA）。

插层效果评价：有机分子插层高岭石使其沿 C 轴膨胀，即高岭石的层间距 $d_{(001)}$ 值增大。目前评价插层作用程度的常用指标是插层率（Intercalation Ratio，IR），IR 可以通过（001）峰强度的比值求得。

$$IR = I_{c(001)} / (I_{c(001)} + I_{k(001)})$$

其中：$I_{c(001)}$ 和 $I_{k(001)}$ 分别表示插层复合物中已膨胀的高岭石层间距 $d_{(001)}$ 值（约 1.12nm）的衍射峰强度和残留未膨胀的高岭石间距 $d_{(001)}$ 值（约 0.714nm）衍射峰强度。

2.2 软质高岭石的插层工艺研究

2.2.1 软质高岭石的基础理化性质

（1）化学成分分析

高岭土主要由高岭石矿物组成，高岭石的理想化学式为 $Al_4Si_4O_{10}(OH)_8$，亦可以写成 $Al_2O_3 \cdot SiO_2 \cdot 2H_2O$，其化学成分的理论值为 SiO_2 含量 46.5%，Al_2O_3 含量 39.53%，H_2O 含量 13.95%，其中 Si/Al 的摩尔比值约为 2。因此，根据高岭石的成分可以分析高岭土质量的优劣和所含杂质的情况，当所分析高岭土样品的化学元素组成与高岭石的理论化学组成越接近，其 Si/Al 的摩尔比值越接近理论值，高岭土样品中高岭石的含量也越高，高岭土的品位越好。

表 2-1 为高岭土样品的化学成分分析结果。从表中数据可以看出，高岭土样品的化学组成与高岭石的理论化学组成非常接

近，其中 SiO_2 和 Al_2O_3 的含量较理论组成都稍微偏低，张家口高岭土样品的 Si/Al 摩尔比值为 1.994，其比值略小于理论值，说明其样品中含有铝质矿物，相对来说该样品的耐火度较高，这也进一步证明了上述观点。同时高岭土样品中还含有少量的 Fe_2O_3、TiO_2、CaO 等杂质。

表 2-1　高岭土样品的化学组成

化学组成	SiO_2	Al_2O_3	Fe_2O_3	TiO_2	MnO	MgO	CaO	Na_2O	K_2O	P_2O_5	LOI
占比/%（质量分数）	44.64	38.05	0.22	1.13	0.002	0.06	0.11	0.27	<0.1	0.13	15.06

注：本样品取自河北张家口。

（2）X 射线粉末衍射（XRD）分析

目前，X 射线衍射是研究分析黏土矿物组成的常用手段之一，它可以定性鉴定黏土矿物的种类，同时还可以半定量或定量计算各种黏土矿物的含量。在研究黏土矿物的结晶度、有序-无序以及类质同象和同质多象方面有着重要的应用。在高度有序的高岭石 XRD 图谱中，（001）（7.15Å）和（002）（3.57Å）两条衍射峰之间存在 6 条分裂清晰的特征衍射峰，随着高岭石有序度的降低，特征衍射峰的数目减少，衍射峰之间的相对强度也会有所改变。通过观察这 6 条衍射峰的变化情况并结合亨克利结晶度指数，将高岭石的有序度划分为 4 个等级：高度有序（IH≥1.3）、有序（1.3>IH≥1.1）、较无序（1.1>IH≥0.8）、无序（IH<0.8）。

图 2-1 为高岭土样品的 X 射线衍射图谱。从图 2-1 中可以看到，高岭土样品的基面反射和非基面反射强而对称，分解良好，2θ 角在 12.4° 和 24.8° 左右的两个强衍射峰（001）（7.15Å）和（002）（3.57Å），衍射峰对称尖锐；在（001）（7.15Å）和（002）（3.57Å）衍射峰之间，存在 6 条衍射峰，其中 4.45×10^{-1}nm、4.35×10^{-1}nm、4.17×10^{-1}nm 三条衍射峰分别是由

（020）、（110）和（111）晶面反射产生；在 2θ 角为 $35°\sim40°$ 之间有 6 条衍射峰，分别呈"山"字形分布，且两个"山"字峰的峰形完美，分离状态良好。通过对样品 XRD 图谱的分析并结合以前的研究，高岭土样品的结晶度指数为 1.03，属于有序类型。

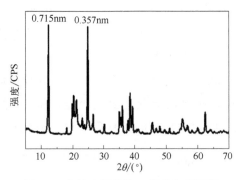

图 2-1　高岭土样品的 X 射线衍射图谱

（3）傅里叶红外光谱（FT-IR）分析

高岭石的结构单元层是由一个 $AlO_2(OH)_4$ 八面体片和一个 SiO_4 四面体片按等比例的形式交替排列而成，每个结构单元的氧原子与相邻八面体的羟基形成氢键，单元层之间靠氢键和范德华力连接。高岭石的红外光谱主要由羟基的振动和 Si—O 以及与八面体中阳离子的振动组成。

高岭石的红外光谱可分为高频区、中频区以及低频区三个主要区域。在高频区域主要有四个特征振动峰，其中 $3694cm^{-1}$、$3686cm^{-1}$ 和 $3652cm^{-1}$ 归属于 OuOH 的伸缩振动峰，$3619cm^{-1}$ 归属于 InOH 的伸缩振动峰，$3480cm^{-1}$ 左右的特征峰归属于吸附水的羟基伸缩振动峰；在中频区域，位于 $1000\sim1200cm^{-1}$ 区域的三个特征峰归属于 Si—O 键的伸缩振动峰，$900\sim950cm^{-1}$ 左右的振动峰为羟基的弯曲振动峰；在低频区域，$600\sim$

$800 \mathrm{cm}^{-1}$ 的振动峰归属为 Si—O 的弯曲振动峰，位于 $540 \mathrm{cm}^{-1}$ 和 $470 \mathrm{cm}^{-1}$ 左右的振动峰归属于 Si—O—Al 的弯曲振动峰。

图 2-2 为高岭土的红外光谱图。从图中可以看到，在高频区域，高岭石的三个特征振动峰分化比较明显，其中位于 $3650 \mathrm{cm}^{-1}$ 左右的振动峰分化出两个峰，但是强度较低，位于 $3452 \mathrm{cm}^{-1}$ 的振动峰强度较高，为水分子的伸缩振动峰。在中频区域，位于 $1634 \mathrm{cm}^{-1}$ 左右的振动峰为水分子的弯曲振动峰，其与 $3452 \mathrm{cm}^{-1}$ 的振动峰相对应，在 $1000 \sim 1200 \mathrm{cm}^{-1}$ 之间，Si—O 的三个伸缩振动峰强度较大，峰形尖锐。在低频区域，内羟基和内表面羟基的弯曲振动峰分化也比较明显，Si—O 的弯曲振动峰以及 Si—O—Al 的弯曲振动峰的峰形尖锐，分化较好。

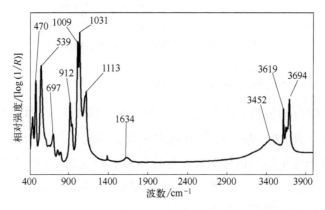

图 2-2　高岭土样品的红外光谱图

（4）热重-差热分析

高岭土的热分解过程主要分为三个阶段：

① 低温反应阶段（$T \leqslant 400^{\circ}\mathrm{C}$），此阶段主要是失去吸附在高岭土表面或层间的水分子。

② 中间温度反应阶段（$400 \sim 750^{\circ}\mathrm{C}$），此阶段是高岭土最重要也是研究最多的反应阶段，主要是脱掉羟基，高岭土转变为偏

高岭土，其反应式为：

$$\text{Al}_2\text{Si}_2\text{O}_5(\text{OH})_4 \longrightarrow \text{Al}_2\text{O}_3 \cdot 2\text{SiO}_2 + 2\text{H}_2\text{O}$$

③ 高温反应阶段（$T \geqslant 750℃$），在此阶段，高岭土中的高岭石重结晶形成莫来石，其反应式为：

$$\text{Al}_2\text{O}_3 \cdot 2\text{SiO}_2 \longrightarrow \frac{1}{3}(3\text{Al}_2\text{O}_3 \cdot 2\text{SiO}_2) + \frac{4}{3}\text{SiO}_2$$

图 2-3 为张家口高岭土样品的热重-差热图谱。从图中可以看出，高岭土样品在 100℃ 下，热重（TG）曲线存在一个弱的质量损失台阶，其主要为失去高岭石结构中的吸附水所致；随着温度的升高，在 400～700℃ 范围内，热重（TG）曲线上有一个较大的质量损失台阶，其质量损失大约为 13.55%，同时，在差热曲线上，此阶段也出现一个较大的吸热谷，这主要归因于高岭石的脱羟基反应；在 900～1000℃ 之间，差热曲线上显示一个明显的放热峰，这是由于高岭石高温下重结晶形成莫来石形成的。

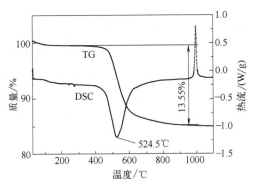

图 2-3　高岭土样品的热重-差热曲线

在软质高岭石理化性质分析的基础上，对影响二甲基亚砜/高岭石插层的几个主要因素，如反应温度、反应时间、含水量、固含量等进行了研究。采用正交实验进行优化，分析了各个因素对插层效率的影响显著程度，并利用 X 射线衍射（XRD）、傅里叶红外光谱（FT-IR）、热重-差热分析（TG-DTA）等对样品进行了表征。

2.2.2 软质高岭石插层研究

（1）正交实验分析

采用正交法分析温度、反应时间、含水量以及高岭石固含量对高岭石/DMSO 插层的影响显著程度，具体因素与水平条件如表 2-2 所示，采用 L16（4⁴）正交表安排实验。正交计算结果和用数理统计方法得到的数值列于表 2-3 中。

表 2-2 正交实验的因素与水平

水平	因素			
	温度/℃ A	时间/h B	含水量/% C	固含量/% D
1	30	6	0	5
2	60	12	5	8
3	75	24	10	10
4	90	36	20	15

表 2-3 正交实验结果分析

数量	温度/℃	时间/h	含水量/%	固含量/%	插层率/%
1	30	6	0	5	0
2	30	12	5	8	4.95
3	30	24	10	10	32.5
4	30	36	20	15	43.5
5	60	6	5	10	84.5
6	60	12	0	15	90
7	60	24	20	5	90.5
8	60	36	10	8	93.7

数量	温度/℃	时间/h	含水量/%	固含量/%	插层率/%
9	75	6	10	15	90.9
10	75	12	20	10	89.6
11	75	24	0	8	93.9
12	75	36	5	5	95.0
13	90	6	20	8	82.7
14	90	12	10	5	90.25
15	90	24	5	15	80.32
16	90	36	0	10	80.06

直接比较 16 次的分析结果，由表 2-3 中可以看出，获得产物的插层率最高的是 12 号。实验基本条件为：温度 75℃，反应时间 36h，含水量 5%，固含量 5%。

正交实验中各个因素对插层率的影响程度不同，通过进行极差 R 计算分析（该因素实验平均值的最大值与最小值之差）来区分主次，因素的极差越大，说明该因素对试验指标的影响越显著，其就是主要影响因素，反之，就是次要因素。从表 2-3 中可以看出，对于插层率，四个因素的影响主次顺序为反应温度、反应时间、含水量、高岭石固含量。

效应曲线趋势如图 2-4 所示，以各个因素的水平为横坐标，各个因素的指标平均数为纵坐标绘制得到。选取各个因素的最佳水平组成一个组合，即为最佳反应条件。从效应曲线图中可以看出，最佳因素组合为：温度 75℃，时间 36h，含水量 10%，高岭石固含量 15%。但是在温度曲线中可以看出，在 60～70℃ 区域有一个拐点，在高岭石浆液固含量曲线图中，插层率也一直在升高，这有待于进一步的研究。

方差分析是判断各因素对实验指标影响是否显著的依据。表 2-4 为实验的方差分析结果。从中可以看出，当取显著水平 $\alpha =$

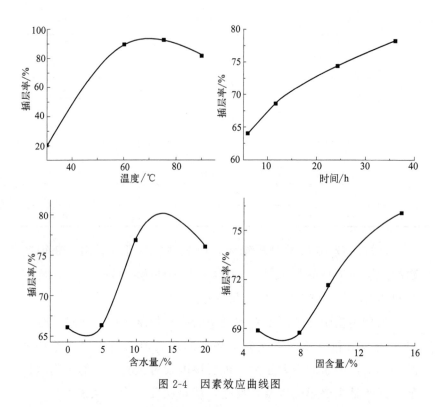

图 2-4　因素效应曲线图

0.1 时，温度的 F 临界值大于 F 值，因此，温度对于插层率的影响是显著的，根据其他因素的 F 临界值与 F 值的比较，对插层率的影响显著程度依次为温度、时间、含水量、固含量。

表 2-4　方差分析

方差来源	平方和	自由度	显著水平（$\alpha=0.1$）	临界值
温度/℃	14218.9	3	5.39	51.48
时间/h	511.2	3	5.39	1.85
含水量/%	448.1	3	5.39	1.62
固含量/%	139.9	3	5.39	0.5062
方差	276.171	3	5.39	
总量	15318.1	15		

在插层过程中，有机分子进入高岭石层间形成新的价键，分子趋向有序化排列，在热力学上是一个熵减的过程，因此温度对于插层反应速率的影响是比较突出的。从正交效应曲线看出，30℃下，插层率均值只有 20.2%，当温度升到 75℃时，插层率均值增大到 92.35%。常温下，有机分子在液态下缔合形成网状集合体，随着温度的升高，集合结构破坏，自由分子增大，分子热运动速度加快，插层反应向右进行。但是必须注意插层反应温度应低于有机插层剂的挥发和分解温度，DMSO 分子的沸点为 189℃。因此反应温度在 75℃为宜。

从效应曲线图看出，少量水的存在对插层作用的进行是有利的，水量过多插层率反而下降。分析认为，一方面是由于水对有机分子的作用促进插层反应，DMSO 在常温下是液态，分子间因氢键缔合成环状，少量的水可以起到催化剂的作用破坏环氢键，使 DMSO 分子发生解离成为单体，从而有利于插层反应的进行；另一方面，适量的水会引起黏土片层间介电常数的增大，使高岭石晶层间的静电引力减小，从而有利于有机物进入层间。但是水量过多反而起到相反的效果，这可能是由于溶质被溶剂化，自由分子的比例减少，高岭石和溶液对未溶剂化分子的竞争使插层率降低。

插层反应的时间也是影响插层率的重要因素之一，从效应曲线图中看出，随着反应时间的递增，插层率是逐渐增大的。但是在温度较低时，反应时间对插层率的影响较大，30℃下，插层率随着反应时间的增加呈线性关系迅速增大，而在温度较高时，插层率随着时间的延长趋于缓和，变化不大。高岭石固含量对插层反应也具有一定的影响，但是相对其他因素对反应过程的影响较小。从效应直方图中看出，随着高岭石固含量的增加，插层率是增大的，没有出现拐点。

（2）插层复合物的表征分析

高岭石与 DMSO 作用后，DMSO 插入高岭石层间使层间距增大。图 2-5 为高岭石和高岭石/DMSO 插层复合物的 XRD 图谱。从图中可以看出，高岭石的结晶有序度较高，结晶指数为 1.03，属于有序类型。高岭石与 DMSO 相互作用以后，晶层间距 $d_{(001)}$ 由未插层时的 0.714nm 增大到 1.124nm，层间距增加了 0.41nm，衍射峰向低角度移动，表明 DMSO 的插入撑大了高岭石的晶面间距，同时（001）面的衍射峰尖锐，说明 DMSO 在高岭石层间有高度取向，这与之前的国内外报道相似。插层后，高岭石的几个特征衍射峰明显降低甚至消失，说明高岭石的结晶有序度降低。高岭石的理论研究认为，DMSO 是以图 2-5 中所示的方向存在于高岭石层间，即一个甲基平行于高岭石的层面，另外的一个甲基取向于高岭石的四面体片的六方网孔结构，其垂直高岭石层面的高度为 0.43nm，除去嵌入到六方网孔结构的部分，其数据与本实验中层面间距的增加幅度基本一致，说明 DMSO 已插入高岭石层间并与层表面结构有着深入的键合。

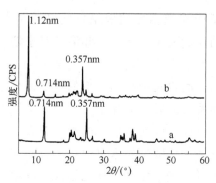

图 2-5　高岭石和高岭石/DMSO 的 X 射线衍射图谱

图 2-6 为高岭石和高岭石/DMSO 插层复合物的 FI-IR 图。从图中可以看出，高岭石与 DMSO 相互作用后，复合物的 IR 图上出现了 DMSO 的特征峰，并且高岭石特征峰的强度和位置也发生了变化，这说明 DMSO 与高岭石之间发生了化学键合，

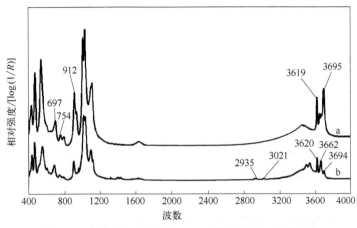

图 2-6　高岭石和高岭石/DMSO 复合物的红外光谱图

DMSO 插入到高岭石的层间。DMSO 是一种极性有机小分子，具有很大的偶极距，属于质子受体型插层剂，其官能团—S=O—可以接受质子与高岭土层间的铝羟基形成氢键从而吸附于高岭石层间。高岭石晶层含有两种类型的羟基，一种是位于高岭石层间铝氧八面体的表面与硅氧面形成氢键，称为外羟基或内表面羟基；另一种位于层间，称为内羟基。它们在 IR 谱图上的特征峰位于高频区域，其中 3694.62cm^{-1}、3686.69cm^{-1} 和 3652.13cm^{-1} 归属于内表面羟基；3619.32cm^{-1} 归属于内羟基。DMSO 插入到高岭石层间后，内表面羟基的伸缩振动 3694.62cm^{-1} 红移到 3695.87cm^{-1}，同时强度明显降低，振动峰 3686.69cm^{-1} 和 3652.13cm^{-1} 合并为 3662.69cm^{-1}，强度明显变大，内羟基振动峰位置和强度在插层前后没有明显变化，说明 DMSO 中的官能团 S=O 破坏了高岭石层间的氢键后，与内表面羟基形成新的价键，从而使内表面羟基振动峰的位置和强度发生变化。DMSO 甲基的伸缩振动峰为 2994cm^{-1} 和 2910cm^{-1}，插层后，红移到 3018.18cm^{-1} 和 2934.88cm^{-1}。在低频区域，937.79cm^{-1} 和 912.98cm^{-1} 为 Al—OH 键的弯曲振动峰，754.69cm^{-1} 和

697.33cm^{-1} 为 O—Al—OH 的振荡吸收峰。插层后，Al—OH 键的弯曲振动峰强度明显降低，O—Al—OH 的吸收峰红移到 742.01cm^{-1} 和 685.84cm^{-1}，这也说明 DMSO 插入到高岭石层间，与外羟基发生化学作用，形成了新的价键。

图 2-7 为高岭石和高岭石/DMSO 插层复合物的热重-差热曲线。从高岭石的 TG-DTA 谱线看出，高岭石只有一个位于 420～650℃左右的失重平台，失重率为 13.55%，这是高岭石的脱羟基作用引起的，而在 900～1000℃左右的放热峰则归因于莫来石或 γ-Al$_2$O$_3$ 在内的结晶反应。插层后，在图 2-7（b）中复合物 TG 曲线有两个失重平台，第一个位于 130～220℃左右，失重率约为 19.36%，DTA 曲线上表现为吸热峰，分析认为 DM-SO 分子进入高岭石层间后，其 S＝O 与内表面羟基形成氢键，而 CH$_3$ 可能与硅氧层面上的 O 以弱键的形式相互作用，因此吸热峰归因于高岭石层间的 DMSO 分子的脱嵌分解，说明在 130℃左右高岭石/DMSO 插层复合物开始分解解离；第二个位于 410～650℃左右，失重率约为 11.73%，这是高岭石脱羟基失去结构水所致。而在 900～1000℃左右的放热峰则同样归因于莫来石或 γ-Al$_2$O$_3$ 在内的结晶反应。

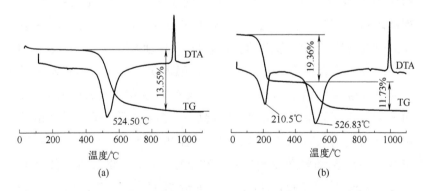

图 2-7 高岭石和高岭石/DMSO 插层复合物热重-差热图

高岭石表面修饰及其在橡胶中的应用

2.3 硬质高岭石的插层工艺研究

2.3.1 硬质高岭石的基础理化性质

高岭石的理论化学式为 $Al_2O_3 \cdot SiO_2 \cdot 2H_2O$，Si/Al 的理论摩尔值为 2，各个化学成分的理论值为 Al_2O_3 含量 46.5%，SiO_2 含量 39.53%，H_2O 含量 13.95%。选取了内蒙古准格尔地区两种硬质高岭土，分别编号为硬质高岭石-1（Kaolin-1）和硬质高岭石-2（Kaolin-2）。表 2-5 为两种高岭石样品的化学成分组成。两种高岭石样品的化学组成非常接近，主要由 Al_2O_3、SiO_2 组成，Si/Al 的摩尔值均在 1.97 左右。同时，样品中还含有少量的 Fe_2O_3、MgO 和 CaO 等元素化合物，说明高岭石样品中含有微量的金红石、黄铁矿和方解石等杂质。

表 2-5 高岭石样品的化学组成　　　　单位：%

样品	Al_2O_3	SiO_2	TiO_2	Fe_2O_3	PbO	K_2O	CaO	MgO
硬质高岭石-1	44.74	52.02	1.73	0.47	0.01	0.15	0.18	0.05
硬质高岭石-2	45.23	52.49	1.34	0.37	0.005	0.05	0.05	0.03

图 2-8 为硬质高岭石-1 和硬质高岭石-2 的 X 射线衍射图谱。硬质高岭石-1 在 0.714nm 和 0.357nm 处出现两个强度很强的衍射峰，峰形尖锐，对称度良好，分别对应的是高岭石的（001）和（002）特征衍射峰，在 0.435nm 处对应的是高岭石的（020）衍射峰，在 0.337nm 处对应的是高岭石的（111）衍射峰，在 0.249nm 处对应的是高岭石的（003）衍射峰。在 20°～25°和 35°～

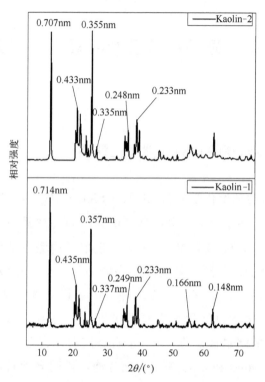

图 2-8　硬质高岭石-1 和硬质高岭石-2 的 X 射线衍射图谱

40°出现了三个"山"字形的衍射峰，峰形尖锐，对称度良好。硬质高岭石-2 在 0.707nm 和 0.355nm 处出现两个强度很强的衍射峰，峰形尖锐，对称度良好，分别对应的是高岭石的（001）和（002）特征衍射峰，在 0.433nm 处对应的是高岭石的（020）衍射峰，在 0.335nm 处对应的是高岭石的（111）衍射峰，在 0.248nm 处对应的是高岭石的（003）衍射峰。在 20°～25°和 35°～40°出现了三个"山"字形的衍射峰，峰形尖锐，对称度稍差。

　　图 2-9 和图 2-10 为 Kaolin-1 分别在 200℃、300℃、400℃、500℃、600℃、700℃、800℃、900℃、1000℃ 和 1100℃温度下煅烧 2h 后的 X 射线衍射图谱。Kaolin-1 在 200℃下煅烧 2h，整

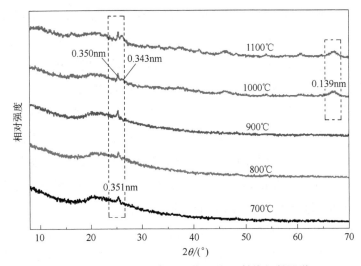

图 2-9　Kaolin-1 在高温煅烧下的 X 射线衍射图谱

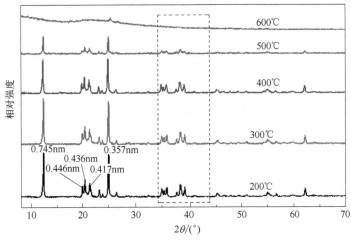

图 2-10　Kaolin-1 在低温煅烧下的 X 射线衍射图谱

体结构未发生明显变化，0.745nm 和 0.357nm 处出现两个强的衍射峰，分别对应的是高岭石的（001）和（002）特征衍射峰，在 0.436nm 处对应的是高岭石的（020）衍射峰，在 20°～25°和 35°～40°出现了三个"山"字形的衍射峰，峰形尖锐，对称度良好。随着煅烧温度的升高，高岭石的（001）和（002）衍射峰以及 20°~25°和 35°~40°位置出现的三个"山"字形峰逐渐变宽，峰高变矮。当煅烧温度达到 600℃时，高岭石的（001）衍射峰完全消失，高岭石的铝氧八面体中的结构羟基以水的形式脱出，在高岭石的脱羟基过程中，会引起硅氧四面体结构的扭曲和变形，导致其活性提高，高岭石脱羟基后形成偏高岭石。当温度达到 1000℃时，高岭石的结构进一步被破坏，偏高岭石逐渐形成硅铝尖晶石，0.35nm 的（002）衍射峰分裂为两个比较尖锐的峰，在 65°附近出现了 0.139nm 的衍射峰。

图 2-11 和图 2-12 为 Kaolin-2 在 200℃、300℃、400℃、500℃、600℃、700℃、800℃、900℃、1000℃和 1100℃温度下煅烧 2h 后的 X 射线衍射图谱。Kaolin-2 在 200℃下煅烧 2h，整体结构未发生明显变化。随着煅烧温度的升高，高岭石的（001）和（002）衍射峰以及 20°~25°和 35°~40°位置出现的三个"山"字形峰逐渐变宽，衍射峰的强度逐渐降低。当煅烧温度达到

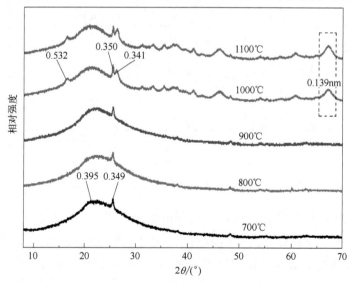

图 2-11　Kaolin-2 在高温煅烧下的 X 射线衍射图谱

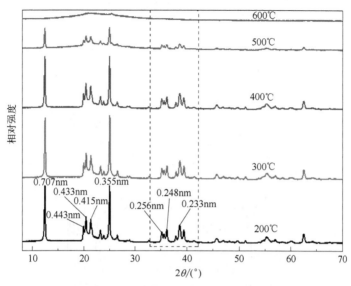

图 2-12　Kaolin-2 在低温煅烧下的 X 射线衍射图谱

600℃时,特征衍射峰消失;同时,在 2θ 为 $20°\sim30°$ 之间,出现一个宽泛的"馒头峰",说明高岭石样品经过脱羟基过程晶层结构遭到破坏,形成无定型状态。当温度达到 1000℃时,高岭石的结构进一步被破坏,偏高岭石逐渐形成硅铝尖晶石,0.35nm 的(002)衍射峰分裂为两个比较尖锐的峰,在 15°附近出现莫来石的(110)面特征衍射峰。

图 2-13 为两种高岭石样品的 FT-IR 图谱。高岭石的红外光谱分为高频区($3700\sim3600\,\mathrm{cm}^{-1}$)、中频区($1200\sim800\,\mathrm{cm}^{-1}$)和低频区($800\sim400\,\mathrm{cm}^{-1}$)。高频区主要为高岭石羟基的伸缩振动,中频区主要为高岭石 Si—O 的伸缩振动,低频区主要是 Si—O 和 Al—O 的振动以及羟基的平动。Kaolin-1 在 $3692.11\,\mathrm{cm}^{-1}$ 和 $3619.79\,\mathrm{cm}^{-1}$ 处出现的特征振动峰强度较高,峰形尖锐,分别是高岭石外羟基和内羟基的伸缩振动谱带;$3650.16\,\mathrm{cm}^{-1}$ 附近出现两个较弱的吸收带,是高岭石外羟基的伸缩振动谱带,与高

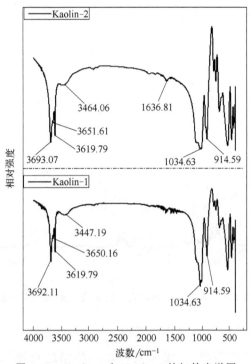

图 2-13 Kaolin-1 和 Kaolin-2 的红外光谱图

岭石的结晶度有关，高岭石的结晶度越高，吸收带越明显。$3447.79cm^{-1}$ 和 $1636.81cm^{-1}$ 处的吸收带是高岭石表面吸附水的伸缩和弯曲振动谱带。$1200\sim1000cm^{-1}$ 处出现的三个吸收峰，归属于 Si—O 的伸缩振动谱带；$914.59cm^{-1}$ 出现的吸收带是高岭石外羟基的弯曲振动谱带。$800\sim400cm^{-1}$ 出现的吸收带归属于 Si—O 和 Al—O 的振动以及羟基的平动。Kaolin-2 在 $3693.07cm^{-1}$ 和 $3619.79cm^{-1}$ 处出现的特征振动峰强度较高，峰形尖锐，分别是高岭石外羟基和内羟基的伸缩振动谱带；$3651.61cm^{-1}$ 附近出现两个较弱的吸收带，是高岭石外羟基的伸缩振动谱带，与高岭石的结晶度有关，高岭石的结晶度越高，这两个吸收带越明显。$3464.06cm^{-1}$ 和 $1636.81cm^{-1}$ 处的吸收带是高岭石表面吸附水的伸缩和弯曲振动谱带。1200～1000cm⁻¹处出现的三个吸收峰，归属于Si—O的伸缩振动谱带；914.59cm⁻¹出现的吸收带是高岭石外羟基的弯曲振动谱带。800～400cm⁻¹出现的吸收带归属于Si—O和Al—O的振动以及羟基的平动。

图2-14为Kaolin-1在不同温度下煅烧2h后的FT-IR变化图谱。随着煅烧温度的升高，3700～3600cm⁻¹出现的高岭石内外羟基的伸缩振动带强度减弱，峰高变矮。当煅烧温度达到600℃时，高岭石的羟基伸缩振动带完全消失变平。1200～1000cm⁻¹三个吸收峰Si—O的伸缩振动谱带黏结在一起形成一个宽且矮的峰；800～400cm⁻¹出现的吸收带归属于Si—O和Al—O的振动以及羟基的平动，这些峰随着煅烧温度的升高，兼并严重，高岭石的有序度逐渐降低。当煅烧温度达到1000℃以上，偏高岭石逐渐变成莫来石。

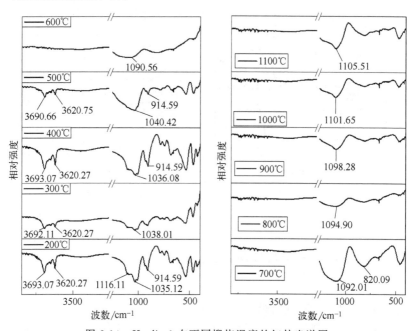

图2-14　Kaolin-1在不同煅烧温度的红外光谱图

图 2-15 为 Kaolin-2 在不同温度下煅烧 2h 后的 FT-IR 变化图谱。随着煅烧温度的升高，3700～3600cm^{-1} 出现的高岭石内外羟基的伸缩振动带强度减弱，峰高变矮。当煅烧温度达到 500℃ 时，高岭石的羟基伸缩振动带完全变平消失。1200～1000cm^{-1} 三个吸收峰 Si—O 的伸缩振动谱带黏结在一起形成一个宽且矮的峰；800～400cm^{-1} 出现的吸收带归属于 Si—O 和 Al—O 的振动以及羟基的平动兼并严重，说明高岭石的有序度降低。

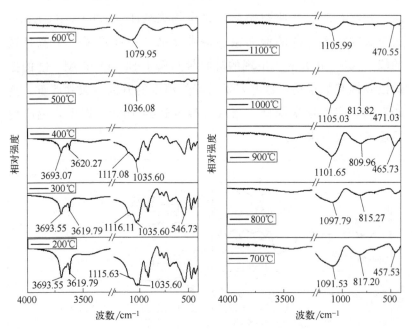

图 2-15　Kaolin-2 在不同煅烧温度的红外光谱图

2.3.2　硬质高岭石插层研究

2.3.2.1　XRD 分析

图 2-16 为反应温度对高岭石插层效果影响。高岭石经过

DMSO 插层后，在 $2\theta = 7.8°$ 左右出现新的衍射峰，证明 DMSO 分子插到高岭石层间。插层后的高岭石/DMSO 复合物 $d_{(001)} = 1.12\text{nm}$，比高岭石原样增加了 0.41nm，高岭石层间距扩大。此外，在 $2\theta = 12.3°$ 左右晶体衍射峰仍然存在，说明有一部分高岭石片层没有被 DMSO 分子插入，导致插层率不高，这与高岭石样品层间氢键作用力强以及本身所含杂质较多有关。

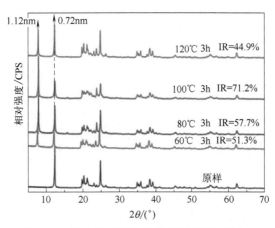

图 2-16　反应温度对高岭石插层效果的影响

从图 2-16 中可知，高岭石插层率的大小与溶液反应温度有关。随着温度的升高，高岭石插层率呈现先增大后减小的趋势，这是因为随着温度的升高，溶液分子间运动速度加剧，对 DMSO 分子进入高岭石层间起到促进作用。当反应温度为 100℃时高岭石的插层率达到最高，其 IR＝71.2%，因此最佳反应温度为 100℃。但当反应温度继续升高，高岭石的插层率反而降低。主要因为，当温度过高时，分子间运动过于强烈，已成功插入高岭石层间的 DMSO 分子发生脱嵌，导致插层率降低。

图 2-17 为反应时间对高岭石插层影响的 XRD 图谱。从图中可知，时间对插层率的影响比较显著。当时间为 1h 时，在 $2\theta = 7.8°$左右已经出现新的衍射峰，可以证明 DMSO 插入到高岭石

层间，经计算可知插层率 IR＝53.3％。当反应时间为 3h 时，高岭石插层率达到最高，经计算插层率 IR＝71.2％，达到最大。随着时间的延长，当反应时间为 5h 时，其插层率 IR＝69.8％，当反应时间为 7h 时，插层率 IR＝65.6％，可以看出高岭石插层率开始出现缓慢降低。主要因为在较高反应温度下，随着反应时间的增加，高岭石层间的 DMSO 分子逐渐发生脱嵌，导致插层率下降。

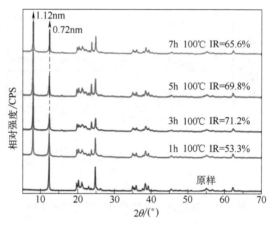

图 2-17 反应时间对高岭石插层率的影响

图 2-18 为溶液中水的比例对高岭石插层率影响的 XRD 图。从图中可知，当 DMSO 与水的比例为 3∶1 时，在 $2\theta＝7.8°$ 左右已经出现新的衍射峰，证明 DMSO 已成功插到高岭石层间，经计算插层率 IR＝25.9％，插层率偏低，效果较差。随着水的比例的调整，高岭石插层率也发生变化，当 DMSO 与水的比例为 5∶1 时，高岭石插层率为 IR＝51.4％。随着溶液中水的比例缩小至 10∶1 时，高岭石插层率达到了最大，其 IR＝71.2％，但当水的比例继续缩小至 15∶1 时，高岭石插层率反而降低。主要因为当溶液中加入适量的水会引起介电常数的增大，使得高岭石层间的静电引力降低，因此水可以通过对高岭石层间的水化作用

高岭石表面修饰及其在橡胶中的应用

来提高高岭石插层率，但水的比例过多或过少，均对水化作用不利。

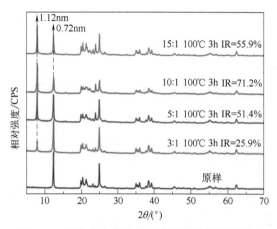

图 2-18　溶液中水的比例对高岭石插层率的影响

图 2-19 为在溶液中加入酸后对高岭石插层率影响的 XRD 图。由图可知，在相同反应条件下，对比 HCOOH、CH_3COOH、HCl 和 H_2SO_4 四种酸对高岭石插层效果的影响，发现在加入 H_2SO_4 溶液后，高岭石在 $2\theta = 7.8°$ 左右出现新的衍射峰，计算可得其 $d_{(001)} = 1.12nm$，比高岭石原样增加了 0.41nm，高岭石层间距扩大，证明 DMSO 插到高岭石层间，此时高岭石的插层率最大，其 IR=70.7%，效果最好。因此选用 H_2SO_4 溶液来继续探讨反应时间和反应温度对插层效果的影响，以此确定最佳反应条件。

如图 2-20 为加入适量的 H_2SO_4 溶液后反应时间对高岭石插层效果的影响。从图中可知，加入适量的 H_2SO_4 溶液后，反应 0.5h，插层率达到 48.3%，高岭石在 $2\theta = 7.8°$ 左右出现新的衍射峰，计算其 $d_{(001)} = 1.12nm$，比高岭石原样增加了 0.41nm，高岭石层间距扩大，证明 DMSO 成功插到高岭石层间。当反应 1h 时，插层率已经达到 70.7%，而对比传统方法，反应时间缩短三分之二，插层效率得到很大提高。继续延长插层反应时间，高岭石的插层率反而降低，主要是随着反应时间的增加，高岭石层间的 DMSO 分子发生脱嵌，导致插层率下降。因此，在加酸情况下，最佳反应时间缩短为 1h。

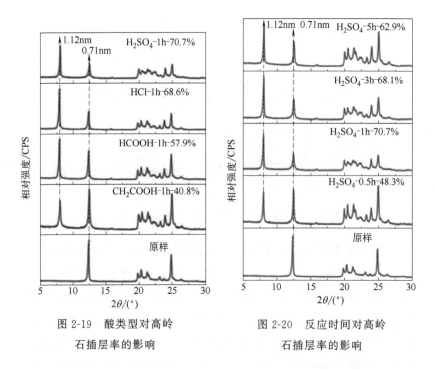

图 2-19　酸类型对高岭
石插层率的影响

图 2-20　反应时间对高岭
石插层率的影响

为研究加入酸溶液后反应温度对高岭石插层效果的影响，分别研究了 60℃、80℃、100℃、120℃下高岭石的插层率，如图 2-21 所示。由图可知，随着反应温度的增加，高岭石插层率呈现先增大后减小的趋势，当反应温度为 100℃时，高岭石插层率达到最大，IR＝70.7％。但当温度继续升高，分子间运动过于强烈时，又会导致已经插入高岭石层间的 DMSO 分子发生脱嵌，插层率降低，因此最佳反应温度为 100℃。综上可知，在插层过程中加入适量的酸可有效提高高岭石/DMSO 的插层效率。在所选用的四种酸中，H_2SO_4 对提高插层率效果最好。经过对高岭石插层效果的影响因素进行探讨，得出最佳反应条件为：反应温度100℃，反应时间为1h。

2.3.2.2 高岭石/Me插层复合物

图2-22为高岭石/甲醇插层复合物XRD图。从图中可知，高岭石/DMSO插层复合物经过甲醇插层处理后，在$2\theta = 12.3°$左右的晶体衍射峰消失，并且在$2\theta = 10.3°$左右出现新的衍射峰，高岭石插层复合物的$d_{(001)}$值由原来的1.12nm变为0.86nm，主要是因为经过甲醇插层再自然风干后，高岭石层间的部分游离甲醇分子从高岭石层间脱除，高岭石层间发生坍塌，导致高岭石层间距降低，这也证实了甲醇分子成功插入到高岭石层间。对比传统高岭石/甲醇插层复合物（高岭石/Me-336h）制备方法和新型高岭石/甲醇插层复合物［高岭石/Me（AlCl₃）-12h］制备方法，传统制备方法需要将高岭石/DMSO插层复合物浸泡在甲醇

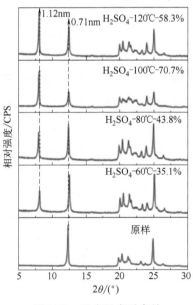

图2-21　反应温度对高岭
石插层率的影响

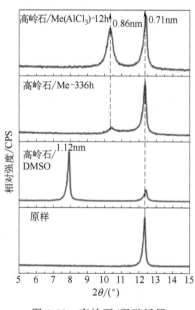

图2-22　高岭石/甲醇插层
复合物XRD图

溶液中并磁力搅拌，每 24h 更换新的甲醇溶液，且至少需要 7
天，甚至有的高岭石需 10 天以上才能制备出高岭石/甲醇插层复
合物，不仅耗时而且溶液浪费严重，并且该方法在经过试验论证
后发现并不适合于煤系硬质高岭石。如图 2-22 所示，传统方法
经过 336h（14 天）的反复处理后，在 $2\theta=10.3°$ 左右出现新的晶
体衍射峰，经过计算 IR＝9.2％，插层率较低。使用新型方法，
在甲醇溶液中加入适量无水氯化铝后，可使反应时间由原来的
336h（14 天）缩短为现在的 12h，且插层率提高到 41.8％，插
层效率得到极大提高。

2.3.2.3 高岭石/SA 插层复合物

图 2-23 为高岭石及高岭石插层复合物 XRD 对比图。从图
(d) 可知，高岭石经过硬脂酸（SA）插层后，在 $2\theta=2.2°$ 左右出现新的小的晶体衍射峰，证明硬脂酸分子成功插入到高岭石层间，其 $d_{(001)}$ 值由原来的 0.86nm 增加到 4.05nm，高岭石层间距明显被撑大，且通过 XRD 图可知，经过硬脂酸插层后，高岭石结晶度变差，由原来的有序状变为无序状。

采用普通插层方法高岭石插层效率较低。当在插层过程中加入酸类物质后，会使插层反应过程加快，插层效率提高。分析机理（图 2-24）认为，高岭石片层边

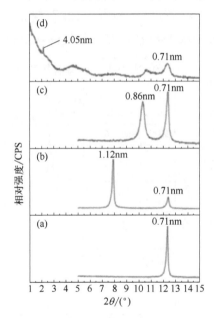

图 2-23 高岭石插层复合物 XRD 图
(a) 高岭石原矿；(b) 高岭石/DMSO 插层
复合物；(c) 高岭石/Me 插层复合物；
(d) 高岭石/SA 插层复合物

缘吸附较多的金属杂质离子，会在片层边缘形成 DLVO 双电层，阻碍插层剂（DMSO、Me）分子进入高岭石层间，使插层难以进行。当在插层剂中加入酸类物质后，酸性环境会破坏高岭石片层边缘金属离子杂质造成的 DLVO 双电层结构，使其阻碍作用弱化，加速插层剂进入高岭石层间，使得高岭石的插层效率得以提高。

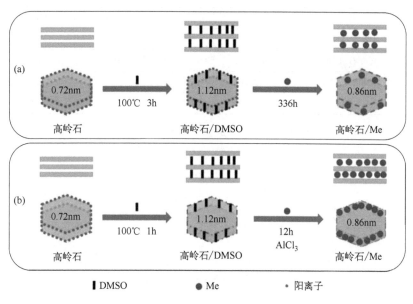

图 2-24　高岭石插层过程中未加酸（a）与加酸（b）机理图

为计算高岭石经过插层处理后晶体有序度的变化，在 $19°\sim 22.5°$ 范围内，选取两个相邻的晶体衍射峰（1-10 和 1-11），分别测量两个峰的顶端到底线的距离，标记为 A 和 B，同时测量衍射峰的最高点到最低点的距离标记为 AT。高岭石晶体有序度可以用 Hinkley 结晶度指数（HI）来反映，$HI = \dfrac{A+B}{AT}$。插层后高岭石 Hinkley 指数经过计算，数据如表 2-6 所示。由表中数据可知，未经插层处理的高岭石结晶度指数 $HI = 1.23$，说明高岭石结晶度较好，有序度较高。高岭石经过 DMSO、Me、SA 插层处理后，其对应的插层复合物结晶度指数 HI 分别变为 1.18、0.85、0.69，逐渐降低。说明随着插层的进行，高岭石晶体的有序度逐渐降低，无序度逐渐增加，晶体缺陷在逐渐增大（如图 2-25）。

表 2-6　高岭石插层前后结晶度指数的变化

样品	AT	A	B	HI
高岭石原样	1174.2	797.19	653.93	1.23
高岭石/DMSO	805.62	453.37	502.25	1.18
高岭石/Me	810.67	246.07	449.94	0.85
高岭石/SA	830.90	289.89	283.14	0.69

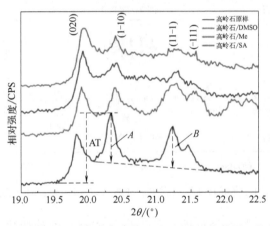

图 2-25　高岭石及其插层复合物 XRD 结晶度指数图（见彩插）

图 2-26 为高岭石插层复合物的傅里叶红外光谱（FT-IR）图。图（a）表示高岭石原样。高岭石中主要存在两种羟基，一种位于高岭石铝氧八面体的表面，与硅氧四面体形成氢键，称为内表面羟基，其红外特征峰分别为 3694cm^{-1} 和 3652cm^{-1}；另一种则位于高岭石层间内部，称作内羟基，其红外特征峰为 3620cm^{-1}。由于其位于层间内部，因此比较稳定，基本不受外

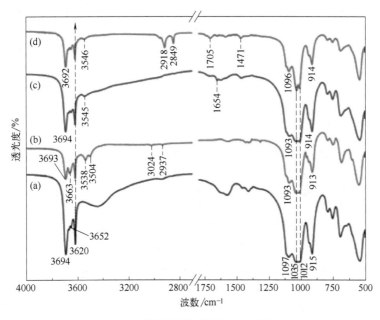

图 2-26　高岭石插层复合物 FT-IR 图

(a) 高岭石原样；(b) 高岭石/DMSO 插层复合物；

(c) 高岭石/Me 插层复合物；(d) 高岭石/SA 插层复合物

界环境因素的影响。因此可知，位于高频区的 3694cm^{-1} 和 3652cm^{-1} 代表高岭石内表面羟基伸缩振动峰，3620cm^{-1} 则为高岭石内羟基伸缩振动峰。在低频区的 1097cm^{-1}、1035cm^{-1}、1012cm^{-1} 处属于 Si—O 键的伸缩振动峰，915cm^{-1} 为 Al—OH 伸缩振动峰。图 (b) 为高岭石/DMSO 插层复合物红外光谱图，由图 2-27 可知：经过 DMSO 插层处理后，在高频区，3694cm^{-1} 处伸缩振动峰变为 3693cm^{-1}，发生红移，且峰强度减弱。3652cm^{-1} 处伸缩振动峰消失，在 3663cm^{-1} 处出现新的吸收峰，此外在 3538cm^{-1} 和 3504cm^{-1} 处出现两个新的吸收峰，是由高岭石层间氢键遭破坏后与 DMSO 分子中的 S＝O 键作用形成。3024cm^{-1} 和 2937cm^{-1} 出现的两处新的吸收峰为 DMSO 分子中

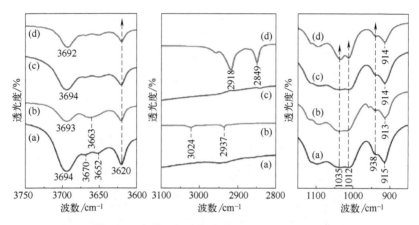

图 2-27　高岭石插层复合物 FT-IR 细节放大图

(a) 高岭石原样；(b) 高岭石/DMSO 插层复合物；

(c) 高岭石/Me 插层复合物；(d) 高岭石/SA 插层复合物

的 C—H 键导致，且插层后 915cm^{-1} 处的 Al—OH 伸缩振动峰红移至 913cm^{-1}，且强度减弱明显，也证明高岭石外羟基与 DMSO 分子发生作用。图 (c) 为高岭石/Me 插层复合物红外光谱图，由图中可知：经过甲醇置换插层处理后，3663cm^{-1}、3538cm^{-1}、3504cm^{-1}、3024cm^{-1} 和 2937cm^{-1} 处的 DMSO 分子特征峰消失，而在 3545cm^{-1}、1654cm^{-1} 处出现新的伸缩振动峰，3545cm^{-1} 处伸缩振动峰归属于—OH 伸缩振动，而 1654cm^{-1} 处的新的吸收峰则为甲醇层间接枝高岭石所生成的 Al—O—CH$_3$，也是高岭石/甲醇插层复合物的标志特征峰，可以证明甲醇分子成功替换掉 DMSO 分子而接枝在高岭石层间。图 (d) 为高岭石/SA 插层复合物红外光谱图，由图中可知：经过硬脂酸 (SA) 插层后，在高频区，3692cm^{-1} 处出现的新的吸收峰是由甲醇 3694cm^{-1} 处发生红移而得到，2918cm^{-1} 和 2849cm^{-1} 的吸收峰则是甲基 (—CH$_3$) 和亚甲基 (—CH$_2$) 伸缩振动峰。1705cm^{-1} 处吸收峰为硬脂酸分子中 C=O 键伸缩振动峰，1471cm^{-1} 处吸收峰则为 C—O 键伸缩振动峰。高岭石及其插层复合物红外吸收峰数据见表 2-7。

表 2-7　高岭石及高岭石插层复合物红外吸收峰数据

振动属性	峰位置/cm^{-1}			
	高岭石原样	高岭石/DMSO	高岭石/Me	高岭石/SA
高岭石内表面—OH伸缩振动	3694	3693	3694	3692
	3652	—	—	—
	—	3663	—	—
高岭石内—OH伸缩振动	3620	3620	3620	3620
—OH伸缩振动	—	—	3545	—
S=O伸缩振动	—	3538	—	—
	—	3504	—	—
C—H伸缩振动	—	3024	—	—
	—	2937	—	—
—CH$_3$伸缩振动	—	—	—	2918
—CH$_2$伸缩振动	—	—	—	2849
C=O伸缩振动	—	—	—	1705
Al—O—CH$_3$伸缩振动	—	—	1654	—
C—O伸缩振动	—	—	—	1471
Si—O伸缩振动	1035	1035	1035	1035
Si—O—Si骨架伸缩振动	1012	1012	1012	1012
Al—OH伸缩振动	915	913	914	914
Si—O伸缩振动	753	751	752	754
O—Al—OH伸缩振动	695	685	692	692
Si—O—Al伸缩振动	541	549	545	542

图 2-28 为高岭石插层复合物 TG 和 DTG 图。由图中可知，高岭石（高岭石原样）在 70～200℃ 和 300～650℃ 出现两个失重峰，前面失重峰为高岭石表面水的失重，失重率为 3.8%，而后

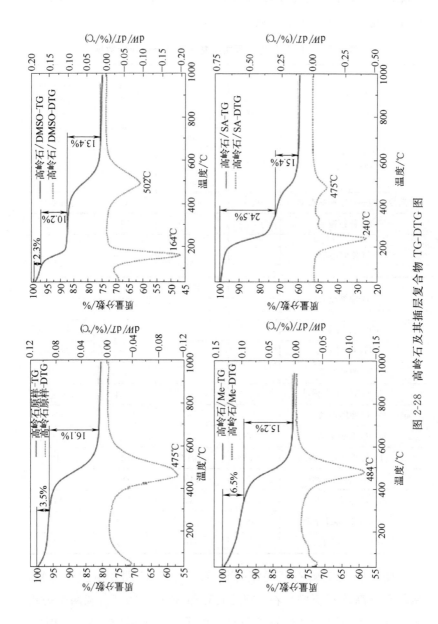

图 2-28 高岭石及其插层复合物 TG-DTG 图

者失重峰则由高岭石脱羟基造成，失重率为 16.1%。经过 DM-SO 插层后（高岭石/DMSO），其热重图上出现三个失重峰，第一个失重峰为高岭石表面水失重峰，失重率为 2.3%。第二个失重峰温度范围为 120～220℃，由 DMSO 分子脱嵌造成，失重率为 10.2%，说明高岭石/DMSO 插层复合物的稳定温度为 120℃以下，当温度高于 120℃时，DMSO 分子开始脱嵌，这与 XRD 中当溶液反应温度为 120℃时，插层率降低的研究结果一致。第三个失重峰范围为 400～700℃，为高岭石本身脱羟基造成。经过甲醇插层（高岭石/Me）后，可看到，在温度为 60℃左右有一个明显失重峰，为甲醇分子脱嵌导致，因此也说明高岭石/Me 插层复合物的稳定温度小于 60℃，当温度高于 60℃后，高岭石层间的甲醇分子开始脱嵌。在 400～650℃出现一个失重峰，为高岭石脱羟基所致。经过硬脂酸插层（高岭石/SA）后，高岭石/SA 插层复合物出现两个较为明显的失重峰，第一个失重峰范围为 160～300℃，为硬脂酸分子脱嵌所致，说明高岭石/SA 插层复合物的热稳定温度为 160℃以下，失重率为 28.5%。第二个失重峰范围为 400～600℃，为高岭石自身脱羟基所致，失重率为 15.4%。从图中可知，随着插层进行，高岭石插层复合物的脱羟基温度曲线逐渐变得宽化，且脱羟基温度逐渐降低，主要因为随着插层的进行，高岭石层间氢键被逐渐破坏，层间作用力减弱，高岭石结晶度也随之降低，所以导致高岭石脱羟基温度降低。

图 2-29 为高岭石及其插层复合物的粒径分布及电子显微镜图。图（a）为高岭石原样，从微观形貌可以看出，高岭石表面光滑、棱角明显，呈堆叠型块状排列，分散性较差。高岭石原样边缘平齐，堆叠明显，经过 DMSO 插层处理后，高岭石堆叠型大块状粒子比例减小，颗粒状、片层状比例增加。经过甲醇置换处理后，高岭石插层复合物微观形貌变化不明显，但表面变得更加粗糙，块状粒子变得相对松散，棱角变得更加钝化。经过硬脂

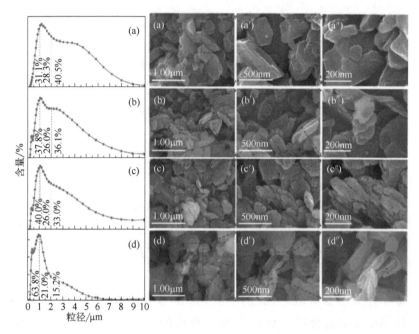

图 2-29　高岭石插层复合物粒径分布及 SEM 图

(a) 高岭石原样；(b) 高岭石/DMSO 插层复合物；

(c) 高岭石/Me 插层复合物；(d) 高岭石/SA 插层复合物

酸（SA）插层处理后，散落的高岭石片状比例增加，团聚现象不再明显，分布也更加均匀。从 TEM 图可知，经过 SA 插层后，高岭石片层整体呈现正六边形晶形，堆叠部分减少，有少部分高岭石片层出现卷曲并脱落。分析认为，高岭石在经过 DMSO 预插层、Me 置换插层以及 SA 长链大分子插层后，高岭石的层间氢键遭到破坏，作用力明显减弱，层间距被撑大，从而导致高岭石堆积变得松散，片层脱落，由原来的块状变为薄片状。

　　由粒度分布可知，未经插层处理的高岭石粒度主要分布区间在 2~10μm 之间，占比 40.5%，而在 0~1μm 之间，占比仅为 31.1%，说明颗粒粒度较大。经过 DMSO 插层处理后，高岭石粒度主要分布区间为 0~1μm，占比达到了 37.8%，而在 2~

$10\mu m$ 区间，高岭石粒度分布减小，由原来的 40.5％降低到 36.1％。在经过 Me 插层处理后，高岭石粒度分布区间继续发生变化，在 $2\sim10\mu m$ 区间，高岭石粒度分布由原来的 36.1％降低到 33.0％，进一步减小，而在 $0\sim1\mu m$ 区间，粒度分布由原来的 37.8％增到 40.0％。在经过 SA 插层后，高岭石的粒度分布发生较大变化，在 $0\sim1\mu m$ 区间内，粒度分布由原来的 40.0％增加到 63.8％，增加明显。在 $2\sim10\mu m$ 区间内，粒度分布由原来的 33.0％降低为 15.2％。相对于高岭石原样而言，经过 SA 插层处理后，在 $0\sim1\mu m$ 区间内，粒度分布由原来的 31.1％增加到 63.8％，增加了 105％。而在 $2\sim10\mu m$ 区间内，高岭石的粒度分布由原来的 40.5％降低到 15.2％，降低了 62.5％，效果显著。分析认为，随着插层的进行，高岭石层间氢键被破坏，层间作用力减弱，高岭石堆积变得松散，导致片层脱落，最终导致高岭石粒度减小（如图 2-30）。

图 2-31 为高岭石及其插层复合物接触角分析图。高岭石原样可以与水很好地融合，表现较好的亲水性，因此接触角也无法计算。在经过 DMSO、Me 处理之后，高岭石插层复合物外表面亲疏水性变化不大，依然表现出很强的亲水性。但在经过硬脂酸（SA）插层处理后，高岭石插层复合物外表面发生很大变化，不再表现出亲水性，而表现出较强的疏水性，其接触角达到了 135.01°，证明 SA 分子不仅插入到高岭石层间而且在高岭石外表面形成包覆，使高岭石插层复合物显示出较强的疏水性能。分析认为，硬脂酸由油脂水解产生，本身不溶于水，而在 SA 插层高岭石的过程中，除进入高岭石层间的 SA 分子外，还有一部分 SA 分子留在高岭石外表面，形成包覆，从而导致高岭石/SA 插层复合物表现出疏水而亲有机相的特性，这也为将高岭石插层复合物作为填料填充橡胶增加其与橡胶的相容性，提高橡胶复合材料的机械力学性能做好铺垫。

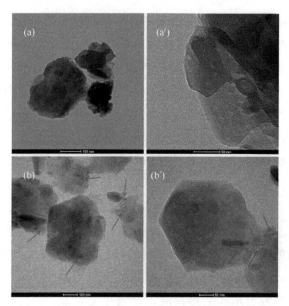

图 2-30　高岭石插层复合物 TEM 图

（a）高岭石原样；（b）高岭石/SA 插层复合物

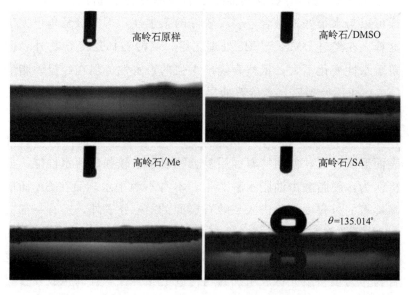

图 2-31　高岭石及其插层复合物的接触角

2.4　高岭石磨剥工艺研究

高岭石粒径的大小是衡量高岭石品质的一个重要参数，不同粒度的高岭石的应用领域也有所不同。未经过超细化处理的高岭石，粒度大，片层紧簇在一起，填充到橡胶基体中只能起到增容作用，补强作用微弱。通过对高岭石进行超细化处理，可以使高岭石的颗粒达到微纳米尺度，从而使得高岭石颗粒具有较好的粒度分级与表面，填充到橡胶基体中可以起到较好的补强作用。

2.4.1　工艺方法

利用颚式破碎机将高岭石原矿一次破碎至粒径 1cm 左右，然后采用密闭式化验制样粉碎机，将高岭石二次破碎成粉末，利用 200 目筛孔选取二次破碎后的高岭石备用。

利用湿法剥片工艺对高岭石样品进行细化处理。将筛选好的高岭石沉降除沙烘干，取 100g 除沙后的高岭石，将其配置成固含量为 20% 的浆液；滴加质量分数 10% 的 NaOH 溶液将浆液的 pH 调至 10~11 左右，然后加入 1%（高岭石质量）的聚丙烯酸钠作为分散剂。将高岭石浆液和一定质量的介质球（氧化锆）混合后进行磨剥，得到不同粒度等级的高岭石样品。

2.4.2　软质高岭石的磨剥工艺研究

图 2-32 为不同磨剥时间的高岭石样品的粒度变化曲线。从

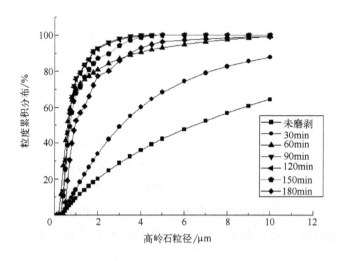

图 2-32　不同磨剥时间高岭石样品的粒度分布

中可以看出，不同磨剥时间内高岭石样品的粒度大小和分布具有显著差异。在磨剥的前期（0～90min），高岭石样品粒度降低的趋势比较明显，其中 $d_{(0.9)}$ 的降低趋势最为明显。同时粒径小于 1μm 和 2μm 的颗粒含量显著增加（表 2-8）；随着磨剥时间的延长，样品颗粒粒度降低的趋势逐渐减缓，并趋于稳定，小于 2μm 的颗粒没有明显的增加趋势。在磨剥时间为 90min 时，高岭石样品的粒度降到最低，从表 2-8 可以看到，其 $d_{(0.5)}$ 和 $d_{(0.9)}$ 分别达到了 0.533μm 和 1.691μm。这主要是由于随着颗粒粒度的减小，颗粒的晶体均匀性增大，断裂能和表面能不断提高，趋于粉碎的极限，因此粒度的降低趋势减缓。磨剥时间继续延长，由于小于 1μm 的颗粒的增加，颗粒的表面能增大，表面活性增强，开始出现团聚现象，颗粒的粒度反而出现增大的趋势，从表 2-8 可以看出，随着时间的延长，这种趋势越来越明显，这也是湿法磨剥的机械作用的局限所致。

高岭石表面修饰及其在橡胶中的应用

表 2-8　不同磨剥时间的高岭石样品粒度

磨剥时间	高岭石颗粒粒度/μm			
	$d_{(0.1)}$	$d_{(0.5)}$	$d_{(0.9)}$	≤1μm
未磨剥	1.060	6.489	22.193	9.25%
30min	0.807	3.078	11.189	14.19%
60min	0.330	0.812	3.632	56.85%
90min	0.280	0.533	1.691	79.27%
120min	0.282	0.539	1.746	78.41%
150min	0.295	0.608	2.037	71.17%
180min	0.325	0.751	3.013	60.39%

2.4.3　硬质高岭石的磨剥工艺研究

表 2-9 为不同固含量的高岭石在球磨机中磨剥 3h 后高岭石 d_{10}、d_{50}、d_{90}、d_{97} 以及≤1μm 颗粒的变化情况。随着高岭石固含量从 15% 逐渐增加到 25%，磨剥罐中高岭石与介质球的接触机会增多，磨剥效果好；d_{10} 没有明显的变化，d_{50} 从 1.15μm 下降到 1.053μm，下降约 8.4%，小于 1μm 的颗粒达到 47.79%。随着高岭石固含量从 25% 逐渐增加到 40%，虽然磨剥罐中高岭

表 2-9　不同高岭石固含量磨剥 3h 后高岭石粒径变化

高岭石固含量	高岭石颗粒粒度/μm				
	d_{10}	d_{50}	d_{90}	d_{97}	≤1μm
15%	0.423	1.150	9.843	18.500	44.53%
20%	0.424	1.145	8.497	18.370	44.87%
25%	0.444	1.053	9.487	17.560	47.79%
30%	0.429	1.166	11.510	22.160	44.15%
35%	0.420	1.126	10.460	20.260	45.65%
40%	0.439	1.118	9.713	17.530	45.59%

石与介质球的接触机会增多，但是介质球之间的剪切力作用没变，单位高岭石颗粒作用的剪切力下降，磨剥效果降低，d_{50} 在 $1.1\mu m$ 附近波动变化。高岭石固含量从 15% 增加到 40%，d_{90} 和 d_{97} 没有太大的变化，这主要由于高岭石经过破碎机粉碎后没有经过除沙过程，高岭石中一部分沙子在球磨过程中不能降低粒径。

表 2-10 所示为不同的高岭石与介质球比例在球磨机中磨剥 3h 后高岭石 d_{10}、d_{50}、d_{90}、d_{97} 以及 $\leqslant 1\mu m$ 颗粒的变化情况。随着高岭石与介质球的比例从 1∶1 增加到 1∶4，高岭石的粒径呈现先减小后增大的趋势。随着介质球占比的增加，d_{50} 从 $1.471\mu m$ 减小到 $1.053\mu m$，$\leqslant 1\mu m$ 的颗粒从 37.01% 增加到 47.79%，这主要由于随着介质球的增多，高岭石与介质球接触机会增多，磨剥效果变好；随着介质球继续增多，介质球之间相互碰撞增加，损耗了一部分机械能，从而引起磨剥效果变差。通过实验得出：当高岭石与介质球的比例为 1∶2 时，磨剥效果最好。

表 2-10　不同的高岭石与介质球比例磨剥 3h 后高岭石粒径变化

高岭石与介质球比例	高岭石颗粒粒度/μm				
	d_{10}	d_{50}	d_{90}	d_{97}	$\leqslant 1\mu m$
1∶1	0.453	1.471	10.500	19.770	37.01%
1∶1.5	0.414	1.187	11.350	21.040	44.01%
1∶2	0.444	1.053	9.487	17.560	47.79%
1∶3	0.399	1.123	10.000	17.980	45.73%
1∶4	0.425	1.243	9.676	18.290	42.16%

表 2-11 所示为随着磨剥时间的增加，高岭石 d_{10}、d_{50}、d_{90}、d_{97} 以及 $\leqslant 1\mu m$ 颗粒的变化情况。未磨剥之前，高岭石粒径 d_{50} 为 $16.14\mu m$，小于 $1\mu m$ 的颗粒占 11.19%。随着磨剥时间的增加，高岭石的粒径逐渐减小磨剥 180min 后，高岭石粒径 d_{50} 减

小到 1.053μm，小于 1μm 的颗粒占 47.79%。磨剥 120min 以后，高岭石的粒度略微增加，主要由于随着磨剥时间的增加，高岭石片层剥开，纳米级的高岭石由于范德瓦耳斯力结合在一起，从而引起粒径略微增加，随着磨剥时间继续增加，这种现象逐渐被掩盖，高岭石的粒径整体呈现减小趋势。

表 2-11 不同的磨剥时间下高岭石粒径变化

磨剥时间	高岭石颗粒粒度/μm				
	d_{10}	d_{50}	d_{90}	d_{97}	≤1μm
未磨剥	0.907	16.140	64.940	97.390	11.19%
30min	0.518	2.050	12.620	25.220	28.25%
60min	0.500	1.669	11.340	21.430	31.58%
90min	0.437	1.318	10.680	20.290	40.23%
120min	0.417	1.139	9.740	17.830	45.14%
150min	0.453	1.145	10.05	17.420	44.59%
180min	0.444	1.053	9.487	17.560	47.79%

图 2-33 为不同磨剥时间下高岭石的粒径分布图。随着磨剥

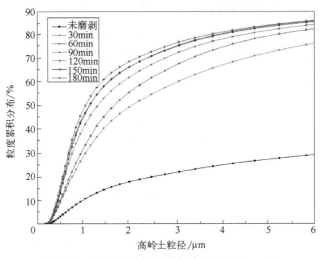

图 2-33 高岭石的粒度累积分布图（见彩插）

时间的增长，粒径曲线逐渐向左、向上移动，说明高岭石颗粒逐渐由大变小，小粒径的颗粒占比逐渐增大。从 0~90min 时，磨剥效果较好，90min 以后，磨剥效率逐渐变差，这主要由于高岭石粒径较小，剥片需要较大的机械能，随着磨剥时间的增长，磨剥效果变差。

2.4.4 不同粒度高岭石的理化性质

在高岭石湿法磨剥的基础上，选取四种不同粒度等级的高岭石样品，分别命名为 K-1、K-2、K-3 和 K-4。通过 X 射线衍射光谱、傅里叶红外光谱、拉曼光谱、扫描电子显微镜和热重-热差分析对不同粒度高岭石的晶体结构变化和热演化行为进行系统分析。表 2-12 和图 2-34 分别为高岭石样品的粒度指标和颗粒粒径分布。从表 2-12 中可见，四种高岭石样品具有显著的粒度分级，其中 K-4 的 d_{50} 为 $0.79\mu m$，达到微纳米级。随着高岭石粒径的降低，高岭石颗粒粒径的分布整体呈现左移趋势（如图 2-34），粒径分布更接近于正态分布。

表 2-12　高岭石颗粒的粒度指标

高岭石样品	$d_{10}/\mu m$	$d_{50}/\mu m$	$d_{90}/\mu m$	$S_{BET}/(m^2/g)$
K-1	0.57	2.20	11.60	15.71
K-2	0.54	1.51	4.89	16.03
K-3	0.43	1.09	3.40	18.98
K-4	0.41	0.79	2.49	21.05

（1）X 射线衍射（XRD）

图 2-35 为四种不同粒度高岭石的 X 射线衍射（XRD）图谱。从图中可以看出，样品的基面反射和非基面反射强而对称，分解良好。在 0.715nm 和 0.357nm 处两个对称尖锐的衍射峰对应高岭石的（001）和（002）晶面；在（001）和（002）晶面衍射峰

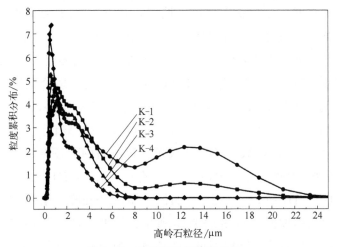

图 2-34　高岭石样品粒度分布

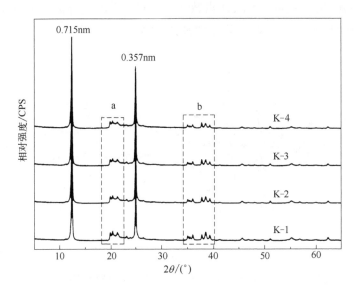

图 2-35　不同粒度高岭石样品的 XRD 图谱

之间存在的 0.446nm、0.435nm 和 0.418nm 三条衍射峰（a 区域）分别是由（020）、（010）和（111）晶面反射产生的。在 34°～42°之间存在两个"山"字形衍射峰（b 区域），其峰形尖

锐，对称度、分化状态良好。同时，在 0.335nm 处出现了较弱
的石英特征衍射峰，说明样品含有少量石英矿物。

在高岭石 XRD 图谱 19°～24°（图 2-36）中选取两个毗邻的
衍射峰（110 和 111）作为参照，分别测量其衍射峰高度（A 和
B），同时测量最高衍射峰顶到底线的距离（AT），A、B 之和与
AT 之比为 Hinkley 结晶度指数。高岭石的结晶有序度可以根据
Hinkley 结晶度指数（HI）来反映，高岭石的有序度可以划分为
4 个等级：高度有序（HI≥1.3）、有序（1.3＞HI≥1.1）、较无
序（1.1＞HI≥0.8）、无序（HI＜0.8）。Hinkley 结晶度指数的
计算和数据如图 2-37 和表 2-13 所示，从表 2-13 可以看出：随着
颗粒粒径的减小，高岭石的 HI 指数逐渐降低，当颗粒粒径 $d_{50}=$
0.79μm 时，高岭石的 HI 指数为 0.796，高岭石样品从有序形态
逐渐演化为无序形态，晶体的缺陷增加。

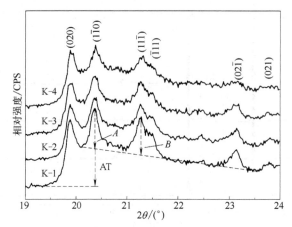

图 2-36　不同粒度高岭石样品在 19°～24°范围的 XRD 图谱

R_2 指标可以反映高岭石随机生成缺陷的敏感程度。表 2-14
为高岭石颗粒粒径对 R_2 指标的影响规律。从表 2-14 中可以看
出，随着高岭石颗粒粒径的减小，R_2 逐渐增大，说明晶体随机
生成缺陷时敏感度增加，这与 HI 指数反映的结果一致。

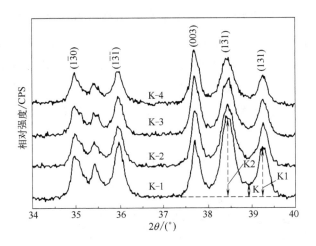

图 2-37   四组高岭石样品在 $34°\sim40°$ 范围内的 XRD 特征峰

表 2-13 $19°\sim24°$ 特征峰的峰高值和 HI 指数

高岭石样品	AT	A	B	HI
K-1	1197. 25	671. 11	650. 36	1. 104
K-2	935. 22	467. 00	480. 04	1. 013
K-3	900. 56	435. 39	418. 23	0. 948
K-4	965. 79	434. 22	334. 07	0. 796

表 2-14 $34°\sim40°$ 特征峰的峰、谷值与 R_2 值

高岭石样品	K_2	K	K_1	R_2
K-1	1068. 83	150. 59	657. 70	1. 139
K-2	816. 24	88. 81	571. 70	1. 229
K-3	746. 00	71. 08	460. 64	1. 250
K-4	589. 43	54. 05	368. 15	1. 260

（2）红外光谱和拉曼光谱分析

图 2-38 为高岭石样品的红外光谱。从图 2-38 中可以看出，高岭石的红外光谱可以分为高频（a 区域）、中频（b 区域）和低

频（c区域）三个特征区域，图 2-39 为高岭石样品的红外特征峰值与透过率。在高频区域，3619.9cm^{-1} 为高岭石铝氧八面体的内羟基伸缩振动峰；3691.0cm^{-1}、3670.0cm^{-1} 和 3650.0cm^{-1} 处的三个特征峰归属于高岭石内表面羟基伸缩振动峰；其中，3670.0cm^{-1} 特征峰的强度与高岭石的颗粒粒径和结构缺陷有关。

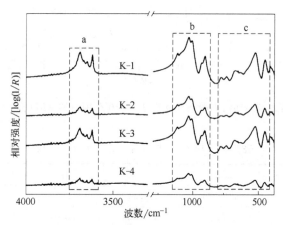

图 2-38　不同粒度高岭石样品的红外谱图

由图 2-39（a）可以看出随着高岭石粒径的减小，3670.0cm^{-1} 吸收峰的强度逐渐增强，高岭石颗粒的结构缺陷程度增大，这与 XRD 中 R_2 的计算结果一致。在中频区域 [图 2-39（b）]，1034.3cm^{-1} 和 1011.2cm^{-1} 处两个特征峰归属于 Si—O 的伸缩振动模式；938.3cm^{-1} 和 913.6cm^{-1} 为 Al—OH 的弯曲振动峰，随着高岭石颗粒粒径的减小，其强度逐渐降低，这与高岭石结构中铝氧八面体中内表面羟基的缺陷变化一致。在低频区域 [图 2-39（c）]，798.7cm^{-1}、753.6cm^{-1} 和 688.7cm^{-1} 为 Si—O 的弯曲振动峰，随着高岭石颗粒粒径的降低，其强度呈现弱化的趋势；541.3cm^{-1} 和 470.5cm^{-1} 为 Al—O—Si 的弯曲振动峰。

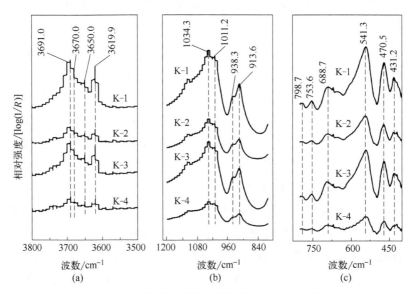

图 2-39　不同粒度高岭石样品的红外谱区域图

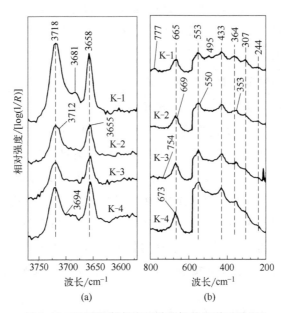

图 2-40　不同粒度高岭石样品拉曼光谱局域图

高岭石的拉曼光谱主要分为高频［a区域，图 2-40（a）］和低频［b区域，图 2-40（b）］。在高频区域［图 2-40（a）］，$3718cm^{-1}$ 和 $3681cm^{-1}$ 分别归属于内表面羟基的对称伸缩振动模式和面外振动模式，而 $3658cm^{-1}$ 为内羟基的伸缩振动。随着高岭石颗粒粒径的降低，$3718cm^{-1}$ 吸收峰演化出肩峰（$3712cm^{-1}$），而 $3681cm^{-1}$ 吸收峰逐渐分裂出两个吸收峰（$3694cm^{-1}$ 和 $3655cm^{-1}$）；同时，$3658cm^{-1}$ 吸收峰的位置逐渐向低波数迁移。在低频区域［图 2-40（b）］，$665cm^{-1}$ 处的强吸收峰归属于 Al—OH 弯曲振动，而 $553cm^{-1}$、$433cm^{-1}$ 和 $364cm^{-1}$ 吸收峰为硅氧四面体中 Si—O 的弯曲振动模式，随着颗粒粒径的降低，其位置都呈现出一定程度的迁移；$754cm^{-1}$ 处吸收峰的强度与高岭石层间的无序性相关，随着高岭石颗粒粒径的减小，高岭石结构的无序性增加，这与 XRD 中 HI 计算结果一致。以上结果显示：缺陷的增加，导致片层端面的 Si—O 键和层间的 Al—OH 破坏，高岭石湿法剥片的过程是高岭石的端面 Si—O 键和层间 Al—OH 破坏的过程，这与高岭石湿法剥片的目的是一致的。

（3）高岭石的微观结构分析

在扫描电镜（图 2-41）下可以观察到四组不同粒径的高岭石尺度与表 2-12 粒度相吻合，可以看出四组高岭石均有高结晶度的片层结构特征。K-1 的片层结构厚而密集且有序，呈蠕虫状结构，K-3 和 K-4 含有少量鳞片，片层中有相对低的缺陷，这是由于在剥片过程中介球的机械剪切力使密集的片层结构被剥离开，并且大片层在机械力作用下被磨成小片。片层被剥离开后，片层间显示出边缘-面或边缘-边缘的接触，K-2 中则显示出边缘-边缘、边缘-面和面-面的接触，K-1 是由于片层间较强的氢键作用导致其团聚。

高岭石片层的团聚与表面性质有很大的关系，表 2-12 中高岭石的比表面积分别为 $15.71m^2/g$、$16.03m^2/g$、$18.98m^2/g$ 和 $21.05m^2/g$，可以看出随着高岭石粒径的减小，其比表面积增大，所以 K-4 颗粒看起来较为疏松。

图 2-41　不同粒度高岭石样品的 SEM 图

（4）高岭石的热演化

利用热重-差热分析了不同粒度高岭石的热演化行为。图 2-42 为四组高岭石分别在 5℃/min、10℃/min、15℃/min 的升温速率条件的热重分析。从表 2-15 可以看出同一升温速率下，随着粒径的减小失重量呈现增加的趋势，升温速率越慢失重量越大，缓慢的升温速率使高岭石在单位温度内有足够的停留时间，热解更加充分。而不同的升温速率，失重量变化不一，这与天然高岭石中成分不均有关。随着升温速率的增加，最大失重温度点逐渐升高，这是由于升温速率过快，高岭石未有足够的反应时间，致使反应温度滞后。相同升温速率中，随着粒径的减小最大失重速

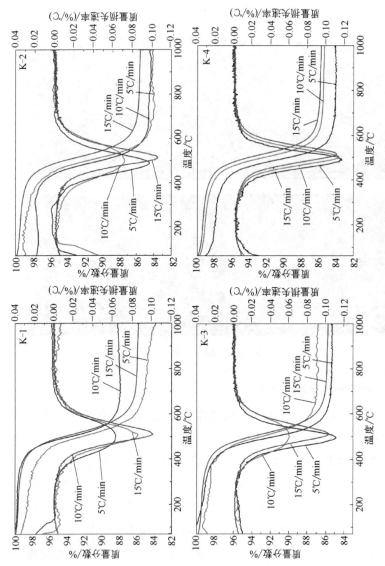

图 2-42　不同粒度高岭石在不同升温速率下的 TG-DTG 曲线

　高岭石表面修饰及其在橡胶中的应用

率的温度也逐渐降低，由于粒径较小的高岭石与粒径较大的高岭石相比，单位质量内更加疏松，单位时间内较大的比表面积能量的传递速率更快，这与 SEM 和比表面积测试结果一致；能量传递速率的增加导致高岭石提前完成热解，所以失重温度会降低。

表 2-15　不同粒度高岭石的最大失重速率温度与失重率

高岭石样品	失重速率温度/℃			失重率/%		
	5℃/min	10℃/min	15℃/min	5℃/min	10℃/min	15℃/min
K-1	504.2	509.4	512.1	12.15	14.01	14.07
K-2	492.1	503.4	511.8	15.29	15.62	14.11
K-3	489.5	502.2	511.4	14.60	14.12	14.16
K-4	488.3	500.4	511.2	15.89	14.53	14.28

第 **3** 章 ————————————————————

高岭石表面修饰

高岭石作为典型的 1:1 型硅铝酸盐黏土矿物，表面和端面具备丰富的断键和羟基类型（内腔表面铝羟基、边缘和端面硅/铝羟基和外表面缺陷处的硅羟基），具有无机材料典型的亲水疏油特性。高岭石作橡塑填料在橡胶复合材料应用过程中必须经过表面改性修饰处理，使得高岭石表面能降低，改善高岭石填料与橡胶基体的相容性，从而体现高岭石填料的功能性。高岭石表面存在着硅氧烷复三角网孔功能团、铝醇基、Lewis 酸位点和硅烷醇基等活性基团，可以与表面改性剂和功能基团发生作用，这成为高岭石表面改性的基础。

对高岭石进行高效片层解离，构筑高岭石二维层状结构负载稀土离子体系可以实现稀土的均匀分散。利用高岭石二维层状结构和稀土离子的表面负载修饰，可以综合提高填充橡胶复合材料的使用性能。

3.1　高岭石有机偶联剂改性

偶联剂改性作为高岭石改性的重要方法，是指通过化学方法将偶联剂包覆在高岭石颗粒表面，使高岭石表面性质由亲水疏油性变成亲油疏水性，同时经过偶联剂改性后的高岭石能够和有机相拥有更优良的相容性。选取内蒙古地区的高岭石原矿（YK-M1）为原料，利用钛酸酯偶联剂（M-2）、铝酸酯偶联剂（M-3）、乙烯基硅烷偶联剂（M-4）、氨基硅烷偶联剂（M-5）和巯基硅烷偶联剂（M-6）五种表面改性剂对高岭石表面进行修饰；利用吸油值、堆积密度和傅里叶红外光谱对改性前后高岭石进行表征分析。

3.1.1 改性高岭石的堆积密度

(1) 改性剂种类的影响

松散堆积密度是颗粒内外孔及颗粒间空隙的松散颗粒堆积体的平均密度,是以自然堆积状态的未经振实的颗粒物料的总质量除以堆积物料的总体积求得,由于改性后的高岭石表面吸附有表面改性剂分子,在相同的粒度条件下,降低了高岭石颗粒的团聚趋势,从而使高岭石的松散堆积密度降低。高岭石表面改性的效果越好,其一定质量下物料的体积越大,松散堆积密度越低。而振实堆积密度是将松散堆积的物料颗粒经过振实后的颗粒堆积体的平均密度。

图 3-1 为不同改性剂改性高岭石的堆积密度。从中可以看出,不同改性剂改性高岭石的松散和振实堆积密度具有一定程度的差异。M-2 改性高岭石样品的松散堆积密度最大,改性效果最差,M-5 改性剂次之;M-3 和 M-4 的改性效果比较接近。而 M-6 改性剂改性高岭石的松散堆积密度最小,其值为 0.33,说明

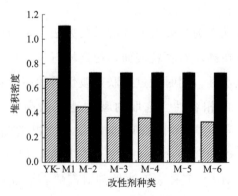

图 3-1 改性高岭石样品的松散堆积密度和振实堆积密度

松散堆积密度; ■振实堆积密度

M-6 的改性效果最好，高岭石表面吸附和包覆的改性剂分子较多，颗粒间的团聚程度较低。

（2）改性剂用量的影响

选用 M-6 和 M-3 两种改性剂，将改性剂按不同的质量分数（高岭石的质量百分比）对高岭石样品进行表面改性，考察了不同改性剂用量对高岭石改性效果的影响。

图 3-2 为不同用量 M-6 改性剂改性高岭石的堆积密度趋势。从图中看出，随着改性剂用量的增加，高岭石样品的松散堆积密度呈增大的趋势，振实堆积密度变化的趋势不是很明显，相对比较稳定。改性剂用量为 0.5％时，改性高岭石的松散堆积密度最小，而当改性剂用量达到 2.0％时，改性高岭石的松散堆积密度达到最大值。同时，从图 3-3 中可以看出，当 M-3 用量从 0.5％增加到 2.0％时，随着用量的增加，松散堆积密度值不断增大；对于样品的振实堆积密度，随着改性剂用量的变化，其值的变化趋势较小。

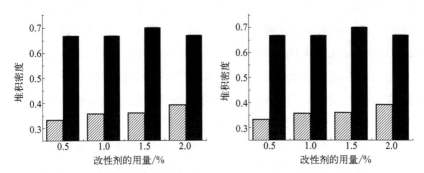

图 3-2　M-6 改性高岭石的松散堆积　　图 3-3　M-3 改性高岭石的松散堆积
　　　　密度和振实堆积密度　　　　　　　　　密度和振实堆积密度
▨松散堆积密度；■振实堆积密度　　　　▨松散堆积密度；■振实堆积密度

对于改性高岭石样品的振实堆积密度，改性剂的用量对其影响程度较小，密度值的变化范围较小。而对于改性样品的松散堆积密度，随着改性剂用量的增大，松散堆积密度值总体呈增大的趋势，而当用量过大时，样品的松散堆积密度又会出现下降的趋势。这说明当改性剂的用量在适度范围内时，随着用量的增大，高岭石表面吸附和包覆的改性剂分子数目增加，改性效果较好；而当改性剂的用量过大时，会对高岭石样品的改性效果产生负面影响。其原因是当改性剂的用量过大时，改性剂分子间的作用加强，从而使改性剂与高岭石表面的基团作用减弱，同时过多的改性剂分子也会在高岭石表面产生团聚，不但影响了改性的效果，还增加了改性过程中的成本。

3.1.2　改性高岭石的吸油值

利用有机表面改性剂对高岭石的表面进行修饰处理后，高岭石表面由亲水性质转变为具有部分亲油性质，通过测试样品的吸油值可以反映高岭石粉体亲水亲油性的程度，从而可以评价高岭石改性的效果。粉料的吸油值是指向 100g 粉料缓缓加入植物油（国家标准为邻苯二甲酸二丁酯），边加边拌和，至粉末能以松散的小粒黏结成一大团时，所消耗植物油的量值。吸油值主要与粉料的表面性能和比表面积相关，在相同的比表面积情况下，粉料的改性效果越好，则其颗粒的表面能越低，粉体的极性越小，团聚趋势越低，则相应的吸油值也越小。

图 3-4 为不同改性高岭石样品的吸油值柱状图。从图中可以看出，不同改性剂改性的高岭石样品的吸油值具有一定的差异。M-6 改性高岭石样品的吸油值最小，为 38cm^3，M-3 改性的样品次之，M-4 和 M-5 的吸油值较为接近，而 M-2 的吸油值最大，为 46.5cm^3。这说明 M-6 改性高岭石样品的亲油性相对其他改性样品强，表面能较小，团聚趋势较低，改性剂的改性效果最好。

图 3-5 为不同用量 M-6 改性剂改性高岭石样品的吸油值变化趋势。从图中可以看出，随着改性剂用量的增加，样品的吸油值首先有一个急剧减小的过程，但在用量 1.5% 和 2.0% 时，吸油值变化的趋势较小，但出现增高的趋势，并随着用量的增加继续提高。导致这种变化趋势的原因主要是改性剂分子与高岭石表面的活性基团相互作用，吸附在高岭石表面。当用量较低时，高岭石表面的改性剂分子不断增多，表面能不断降低，亲油性不断增强，直到改性剂分子在表面形成单分子层包覆；但是用量过大时，高岭石表面包覆完全，改性剂分子形成多分子吸附，由于改性剂分子之间的相互作用，会使部分改性剂分子的极性端分布在外，从而造成高岭石表面的极性增强，而非极性减弱，从而导致粉体的无效吸收增强。

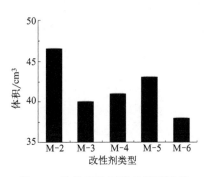

图 3-4　改性高岭石样品的吸油值

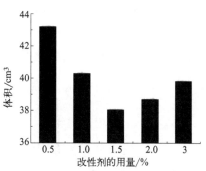

图 3-5　不同用量 M-6 改性剂改性
高岭石的吸油值

3.1.3　改性高岭石的表面官能团分析

黏土矿物的红外光谱分析可以用来间接反映和表征矿物的化学成分和结构特征。高岭石矿物在红外光谱上具有独特的吸收谱带，这与高岭石的官能团和结构特征相关。当高岭石被有机试剂进行表面处理后，有机试剂包覆在高岭石的片层结构表面。当有机试剂分子在高岭石的表面只发生物理吸附作用时，高岭石在红外光谱上的特征吸收峰在位置和强度上不会发生变化；而当有机试剂分子与高岭石的表面基团发生化学吸附作用时，则在红外光谱上高岭石的特征吸收峰在强度和位置上会产生不同程度的改变。因此，利用红外光谱分析可以表征高岭石改性前后表面分子基团的变化。

图 3-6 为未经改性的高岭石的红外光谱图。从图中可以看出，高岭石的红外光谱主要分为三个部分：在高频区域（3700～3600cm^{-1}），归属于羟基伸缩振动的特征峰 3695cm^{-1}、3650cm^{-1} 和 3620cm^{-1}；在中频区域（1200～900cm^{-1}），归属于 Si—O 伸缩振动的特征峰 1103cm^{-1}、1033cm^{-1} 和 1008cm^{-1}，归属于羟基弯曲振动的特征峰 913cm^{-1}；在低频区域（900～400cm^{-1}）：归属于 Si—O 弯曲振动的特征峰 753cm^{-1}、695cm^{-1}，归属于 Si—O—Al 弯曲振动模式的特征峰 540cm^{-1} 和 470cm^{-1}。

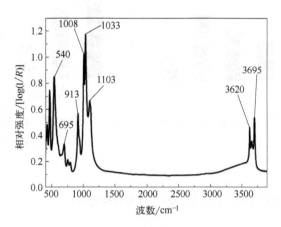

图 3-6　高岭石的红外光谱

图 3-7 为经过改性剂 M-3 改性的高岭石样品红外光谱图。从图中可以看出，高岭石经过改性后，在红外光谱上发生了一些细

高岭石表面修饰及其在橡胶中的应用

微的变化。在高频区域，高岭石结构中内羟基和内表面羟基的伸缩振动峰的位置和强度没有明显的变化，在低频区域，Si—O、Si—O—Si、Si—O—Al、Al—O 等振动峰的位置有轻微的移动。同时在 $2920cm^{-1}$、$1720cm^{-1}$、$1457cm^{-1}$ 位置出现了有机官能团—CH_3、—CH_2 的振动峰，这说明改性剂分子在高岭石的表面发生了吸附包覆作用，在其表面上偶联了改性剂的分子，从而达到了改性的效果。

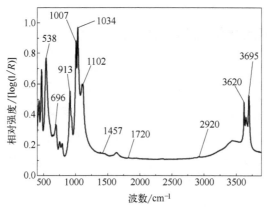

图 3-7　M-3 改性高岭石的红外光谱

3.2　高岭石负载稀土化合物研究

由于稀土元素的空轨道易形成络合物，稀土填充聚合物在受力时稀土元素与聚合物分子之间可能形成"瞬时巨大络合物"，促进稀土颗粒与橡胶分子链段的相互作用，从而明显改善填充橡胶材料的常规力学和耐候性等性能。目前，稀土增强改性橡胶领域的研究趋势是稀土颗粒的纳米化、多功能和低成本。但是，稀土颗粒纳米化后易团聚，造成其增强改性效果大大降低，如何保证纳米尺度的稀土颗粒在橡胶体系中均匀分散成为实现稀土功能性的前提条件之一。利用高岭石微观结构存在的硅氧烷复三角网孔功能团、铝醇基、Lewis 酸位点和硅烷醇基等活性基团，利用化学方法在高岭石片层表面包覆一层稀土化合物分子膜，形成具有核（无机纳米粒子)-壳（稀土化合物）结构的纳米粒子，利用稀土元素特殊电子结构来形成特殊的无机-有机界面结构，从而达到对高岭石表面修饰和橡胶复合材料增强改性的目标。

3.2.1 氢氧化镧/高岭石复合物研究

（1）X 射线衍射（XRD）分析

图 3-8（a）为 La(OH)$_3$ 与 La(OH)$_3$/高岭石复合物的 XRD 对比图，（b）为系列 La(OH)$_3$/高岭石复合物的 XRD 图。由图（a）可以看出，高岭石表面负载 La(OH)$_3$ 以后，在 $2\theta = 15.7°$、28.1°、40.1°、47.0°、55.3°和 64°处出现了新的特征峰，分别对应 La(OH)$_3$ 的（100）、（101）、（201）、（002）、（112）和（311）特征衍射峰。由高岭石的 XRD 图谱可以看出，高岭石在 0.715nm 和 0.357nm 处存在两个强度很强的对称尖锐衍射峰，分别对应高岭石的（001）和（002）晶面。由图（b）可以看出，随着氢氧化镧在高岭石表面负载量的增加（La/高岭石值的增大），高岭石在 0.715nm 和 0.375nm 处的两个特征峰的强度逐渐降低，这可能是由于高岭石表面氢氧化镧的存在使得高岭石的结晶性降低。另一方面，La^{3+} 本身作为一种强阳离子对 X 射线有所吸收，从而可能会影响 X 射线的反射。以上结果表明氢氧化镧在高岭石表面成功负载。

（2）傅里叶变换红外光谱

高岭石与系列 La(OH)$_3$/高岭石复合物在 4000～400cm^{-1} 范

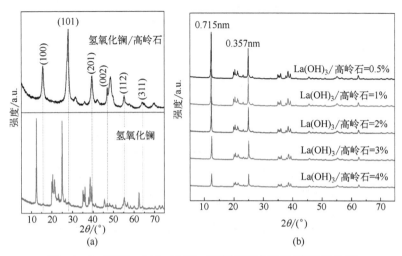

图 3-8 La(OH)$_3$ 与 La(OH)$_3$/高岭石复合物的 XRD 对比图

以及系列 La(OH)$_3$/高岭石复合物的 XRD 图

围内的 FT-IR 图谱如图 3-9 所示, 图中 3694.1cm^{-1} 与 3619.6cm^{-1} 处的特征峰分别为高岭石内表面羟基与铝氧八面体内羟基的伸缩振动峰。1035.0cm^{-1} 处的特征峰归因于高岭石 Si—O 键的伸缩振动, 914.7cm^{-1} 处的特征峰与高岭石 Al—OH 的弯曲振动有关, 541.4cm^{-1} 与 472.5cm^{-1} 处的特征峰对应于高岭石 Si—O—Al 的弯曲振动。由图中可以看出, 在高岭石表面负载 La(OH)$_3$ 以后, 其在 3694.1cm^{-1}、3619.6cm^{-1}、1035.0cm^{-1}、914.7cm^{-1}、541.4cm^{-1} 与 472.5cm^{-1} 处的吸收峰有所减弱, 而且随着 La(OH)$_3$ 在高岭石表面负载量的增大 [La(OH)$_3$/高岭石值的增大], 高岭石的吸收峰逐渐减弱, 这可能是因为 La(OH)$_3$ 在高岭石表面的存在影响了高岭石对红外光线的吸收。

（3）扫描电子显微镜-能谱（SEM-EDS）

高岭石与 La(OH)$_3$/高岭石复合物的 SEM 图像如图 3-10 所示。如图 3-10（a）所示, 高岭石样品有高结晶度的片层结构,

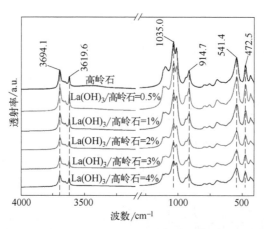

图 3-9　高岭石与系列 La(OH)$_3$/高岭石复合物的 FT-IR 图谱

而且表面光滑，棱角分明，片层结构完整致密。图 3-10（b）～
（f）为系列 La(OH)$_3$/高岭石复合物的 SEM 图，由图可以看出，
负载 La(OH)$_3$ 以后，高岭石的表面被一些小型片层物质覆盖，
原本光滑的表面呈现粗糙状态，而且随着 La/高岭石值的增大，
高岭石表面粗糙程度增大，片层结构的破坏程度增加，因此随着
高岭石表面 La(OH)$_3$ 负载量的增加，高岭石的结晶性降低。从
上述高岭石表面结构的一系列变化即可推断出 La(OH)$_3$ 成功负
载到高岭石的表面。

图 3-11（a）～（d）为 La(OH)$_3$/高岭石〔La(OH$_3$)/高岭

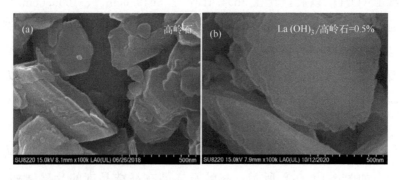

图 3-10 高岭石与 La(OH)$_3$/高岭石复合物的 SEM 图

石＝3％］复合物的组成元素分布图，可以看出，La 在高岭石表面分布均匀，并无明显的团聚现象，说明 La(OH)$_3$ 在高岭石表面均匀负载。在 La(OH)$_3$/高岭石复合物〔La(OH)$_3$/高岭石＝3％〕的总 EDS 能谱图〔图 3-11（e）〕中出现了 O、Si、Al、La 四种元素的峰，说明 La(OH)$_3$/高岭石复合物的元素组成为 O、Si、Al、La，而 O、Si、Al 为高岭石的主要元素组成，因此 La 元素的出现也可以说明 La(OH)$_3$ 成功负载到高岭石表面。

（4）透射电子显微镜

图 3-12 为高岭石与 La(OH)$_3$/高岭石复合物的 TEM 图。图 3-12（a）、（b）为高岭石 TEM 图，可以看出高岭石样品表面平整光滑，无细小的片层出现，边缘较为顺滑。图 3-12（c）～（f）为 La(OH)$_3$/高岭石样品的 TEM 图。由图中可以看出，高岭石

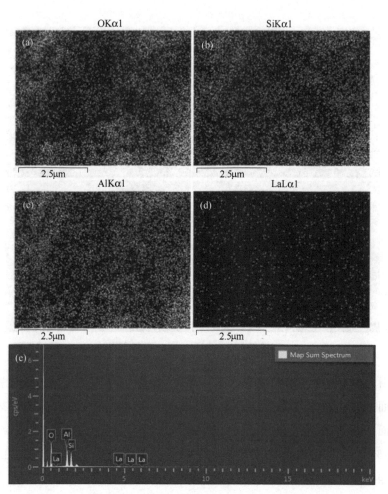

图 3-11 La(OH)$_3$/高岭石复合物〔La(OH)$_3$/高岭石＝3％〕
的组成元素分布图与总 EDS 能谱图（见彩插）

负载 La(OH)$_3$ 以后，高岭石边缘变得粗糙，而且表面有较多片
层物质出现，直径大约为 10～20nm。从 TEM 下高岭石的一系
列微观变化可以推测 La(OH)$_3$ 成功负载到高岭石的表面，但是
由图中看出片层物质在高岭石表面分布不均匀，说明 La(OH)$_3$
在高岭石表面有团聚现象。

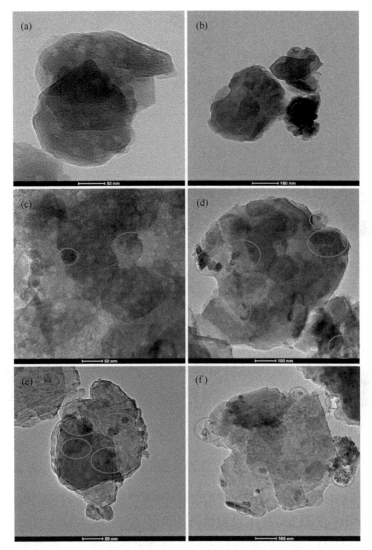

图 3-12 高岭石与 La(OH)$_3$/高岭石复合物的 TEM 图

（5）热重-差热分析（TG-DTG）

图 3-13 为高岭石（a）与系列 La(OH)$_3$/高岭石复合物 [（b）～
(f)] 在氮气气氛下的 TG-DTG 曲线 [其中图（b）～(f) 分别表

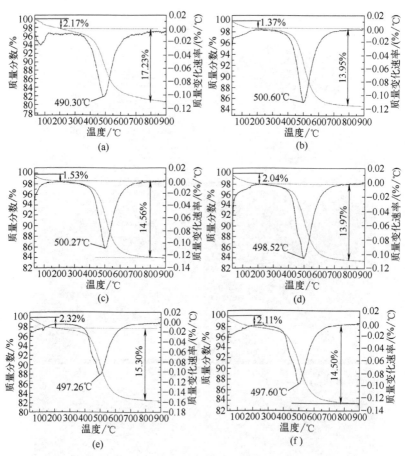

图 3-13　高岭石与 La(OH)$_3$/高岭石复合物的 TG-DTG 曲线图

示 La(OH)$_3$/高岭石＝0.5％、1％、2％、3％、4％］。由图中可以看出各个样品的失重过程均分为两步进行，第一步是高岭石或者 La(OH)$_3$/高岭石复合物表面所吸收水分的蒸发，分解失重率依次为 2.17％、1.37％、1.53％、2.04％、2.32％、2.11％。第二步中（a）为高岭石的脱羟基过程，而（b）～（f）为高岭石脱羟基以及高岭石表面所负载的 La(OH)$_3$ 的分解过程，其分解失重率依次为 17.23％、13.95％、14.56％、13.97％、15.30％、

14.50%。与高岭石相比，表面负载 La(OH)$_3$ 以后分解失重率有所降低。La(OH)$_3$/高岭石复合物的最大失重峰所对应的温度依次为 500.60℃、500.27℃、498.52℃、497.26℃、497.60℃，相较于高岭石的 490.30℃均有所升高，这主要是因为高岭石表面所负载的 La(OH)$_3$ 完全分解，所需要的温度较高。

3.2.2 氧化铈/高岭石复合物研究

3.2.2.1 XRD 分析

图 3-14 为高岭石负载氧化铈的 XRD 谱图。从图中可以观察到，前驱体经过 500℃煅烧 2h 后得到 CeO$_2$ 的 XRD 谱图，其衍射峰的峰形尖锐，结晶性非常高，且衍射峰位置和相对强度与标准 PDF 卡片（JCPDS81-0792）相一致，为标准的萤石相结构。高岭石负载 CeO$_2$ 后，高岭石的衍射峰显著减弱，结晶度降低，趋于无序化，高岭石的（001）和（002）晶面的特征衍射峰消失，在 0.312nm、0.270nm、0.191nm 和 0.163nm 处出现了典型 CeO$_2$ 的衍射峰，分别对应 CeO$_2$ 的（111）、（200）、（220）和（311）晶面，表明 CeO$_2$ 成功负载到高岭石表面，但高岭石的晶

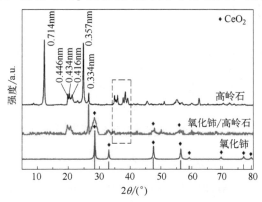

图 3-14　高岭石负载氧化铈的 XRD 谱图

体结构受到破坏。

3.2.2.2 傅里叶变换红外光谱仪（FT-IR）分析

图 3-15 为高岭石负载氧化铈的 FT-IR 谱图。高岭石的红外光谱可以分为三个特征区域，高频区（3700～3600cm^{-1}）、中频区（1200～800cm^{-1}）和低频区（800～400cm^{-1}）。高频区域 3695.35cm^{-1} 与 3619.77cm^{-1} 处有两个强而尖锐的吸收峰，由高岭石内表面羟基与铝氧八面体内羟基的伸缩振动形成；在 3652.20cm^{-1} 附近出现两个较弱的吸收峰，是由外羟基伸缩振动引起，跟高岭石的结晶度有关；中频区 1200～1000cm^{-1} 处出现的三个较强的吸收峰归属于 Si—O 伸缩振动，912.84cm^{-1} 处的吸收峰归属于 Al—O—OH 的弯曲振动；低频区 800～400cm^{-1} 范围内的吸收峰，由 Si—O 和 Al—O 的振动与羟基的平动引起。

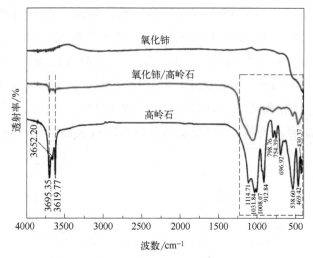

图 3-15　高岭石负载氧化铈的红外光谱图

从图中也可以观察到，高岭石负载 CeO$_2$ 后，3700～3600cm^{-1} 处高岭石内外羟基伸缩振动吸收峰明显减弱，1200～1000cm^{-1} 三个吸收峰消失，形成一个宽峰，800～400cm^{-1} 范围内的吸收峰兼并严重，有序度降低，晶型结构被破坏，这一结果跟 XRD 测试相一致。这可能跟高岭石负载 CeO_2 的过程中，CeO_2 可能会与高岭石表面的官能团结合，产生一定的变化，同时，高岭石煅烧时脱去羟基，进而影响高岭石的结构有关。

3.2.2.3　X 射线光电子能谱（XPS）分析

图 3-16（a）为氧化铈/高岭石复合物的全谱图，可以观察

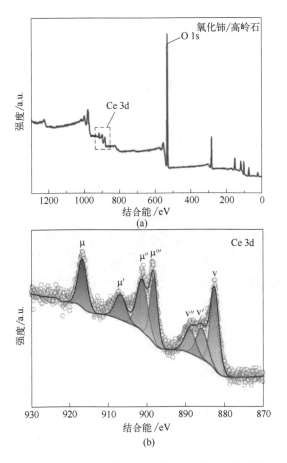

图 3-16　氧化铈/高岭石复合物 XPS 分析（见彩插）

（a）全谱图；（b）Ce 3d 谱图

到，CeO_2/高岭石的全谱图中出现了 Ce 3d 和 O 1S 的结合能峰，结合 XRD 光谱图，进一步证明了 CeO_2 负载到高岭石表面。图 3-16（b）为 CeO_2/高岭石的 Ce 3d 分峰拟合曲线图，从图中可以发现，Ce 3d 结合能峰被分成 6 个由 Ce^{4+}（882.50 eV，889.12 eV，916.68 eV，906.83 eV，901.22 eV，898.19 eV）产生的峰和 1 个由 Ce^{3+} 产生的峰（885.72 eV）。根据 Ce 3d XPS 图谱拟合后的峰面积，计算出 Ce^{4+} 和 Ce^{3+} 金属阳离子比例分别为 88.63%、11.37%，表明 CeO_2/高岭石中 Ce 元素多数为 CeO_2 形式存在。

3.2.2.4　高岭石负载氧化铈复合物的微观结构

图 3-17 为 CeO_2 的扫描电镜图。从图 3-17 中可以清晰看到，

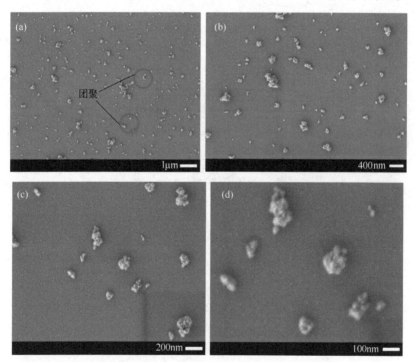

图 3-17　氨水沉淀法制备的氧化铈扫描电子显微镜图

CeO_2 表现为不规则的颗粒状，有轻微的团聚现象，这可能跟 CeO_2 本身具有很大的极性，沉淀反应过程中颗粒之间的氢键相互结合造成团聚有关；但是，从总体观察，CeO_2 颗粒的粒径比较均一，并且达到纳米级别，晶体尺寸在 $50\sim200$nm 之间。

图 3-18 为高岭石负载 CeO_2 的扫描电镜图。如图所示，高岭石结构明显，呈假六方片状或蠕虫状堆叠，排列比较紧密。高岭石负载 CeO_2 后，在高岭石层状结构的横向边缘与片层表面都观察到明显的点状细颗粒，分散均匀，且高岭石的片层结构保持完好。经分析认为，前驱体 $Ce(OH)_3$ 表面存在氢键，极易与高岭石表面和层间的羟基等官能团结合，因此可以在高岭石表面和端面观察到大量的 CeO_2 颗粒。从高岭石负载 CeO_2 的 EDS 能谱图可以观察到，CeO_2 在高岭石的表面和边缘分布分散且均匀，没有明显团聚现象，同时，Ce 元素的出现也进一步证明 CeO_2 负载成功。

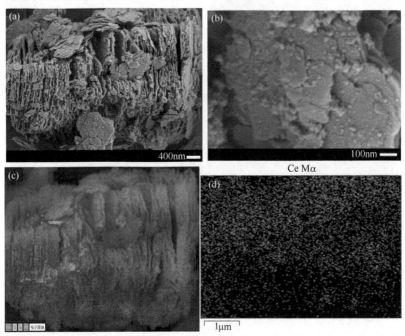

图 3-18　高岭石负载氧化铈的扫描电子显微镜和 EDS 能谱图（见彩插）

图 3-19 为高岭石负载 CeO_2 的透射电镜图。如图所示，高岭石负载 CeO_2 后，层状结构的表面和边缘分散着一些点状颗粒，粒径在 5～10nm 之间，分散比较均匀，没有观察到明显的团聚现象。同时，通过对高岭石片层边缘处颗粒的晶格条纹测量，确定为 CeO_2（111）和（200）晶面，其特征值分别为 0.317nm 和 0.270nm，进一步证明了 CeO_2 的负载成功。

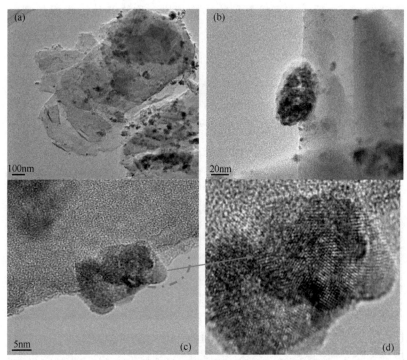

图 3-19　高岭石负载氧化铈 TEM 图和局部晶格条纹

3.2.3　苯甲酸铈/高岭石复合物研究

3.2.3.1　X 射线衍射（XRD）分析

如图 3-20 所示，苯甲酸铈配合物在 $2\theta = 6.4°$ 处出现了一个衍射峰，但峰形较宽，强度较弱，结晶性较差；同时，发现存在 CeO_2 的特征衍射峰，说明其成分可能含 CeO_2，这可能与 Ce^{3+} 离子活性强有关，活性较强的 Ce^{3+} 在反应、干燥过程中易与空气中氧气结合生成铈的氧化物。高岭石负载质量分数 5% 的苯甲酸铈后，苯甲酸铈/高岭石的衍射峰位置与高岭石载体相比没有明显变化，衍射峰强度保持良好，峰形尖锐，没有新的衍射峰出现，表明苯甲酸铈在载体表面分散度高，且没有破坏载体结构。

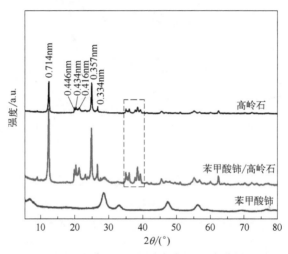

图 3-20　高岭石负载苯甲酸铈 XRD 图

3.2.3.2　傅里叶变换红外光谱仪（FT-IR）分析

如图 3-21 所示，对比苯甲酸的红外光谱图，苯甲酸与 Ce^{3+} 发生配位反应后，其在 $1686.85cm^{-1}$ 处的 C═O 伸缩振动峰消失，而苯甲酸铈在 $1421.46cm^{-1}$、$1521.98cm^{-1}$ 出现了两个新的吸收峰，对应着羧酸基团中 C═O 的对称和非对称伸缩振动，表明苯甲酸铈中的 COO$^-$ 均与稀土离子配位成键，也证明了羧酸稀土配合物的生成，配位方式可能是双齿配位。

从图中也可以观察到，高岭石负载苯甲酸铈后，在 1600～

$1350cm^{-1}$ 处出现了几个明显的 COO⁻ 伸缩振动峰，且相较于苯甲酸铈发生了不同程度的偏移，这可能是高岭石表面和边缘处存在很多含氧官能团（—OH、Si—O—Si、Al—O—OH）与苯甲酸铈的非共价键、共价键、离子键结合引起的。

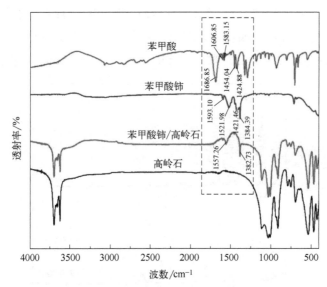

图 3-21　高岭石负载苯甲酸铈的红外光谱图

3.2.3.3　苯甲酸铈/高岭石复合物的微观形貌分析

图 3-22 为苯甲酸铈的扫描电子显微镜图。从图中可以看出，苯甲酸铈配合物样品比较精细，表面光滑，呈现出不规则的块状结构，块状上吸附着一些细小的颗粒，团聚现象严重，存在较多的大颗粒，尺寸分布不均匀，直径从几百纳米到几微米不等，这可能跟样品中含有少量的 CeO_2 杂质有关。

如图 3-23 所示，高岭石负载苯甲酸铈后，高岭石片层表面呈现出一些块状的颗粒，且分布均匀，没有团聚现象，片层结构保持完好；同时，通过 EDS 能谱图可以看出，高岭石表面 Ce 的存在，表明高岭石负载苯甲酸铈成功。

图 3-22　苯甲酸铈的扫描电子显微镜图

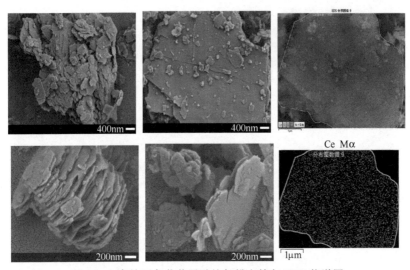

图 3-23　高岭石负载苯甲酸铈扫描电镜与 EDS 能谱图

第 **4** 章

高岭石/橡胶复合材料的加工性能研究

传统的橡胶弹性体材料要具有优良的实际使用性能，必须经过适宜的硫化加工过程。硫化过程是橡胶的线型大分子链通过化学交联作用而形成三维空间网状结构的化学变化过程。橡胶的硫化加工性能决定了硫化胶的结构和后期实际使用性能，对于橡胶工业生产具有重要影响。

本章系统研究了改性高岭石和高岭石负载稀土化合物对橡胶材料加工性能的改善效果，考察了絮凝工艺、改性剂的种类、改性剂用量、填料粒度和填充份数对橡胶复合材料加工的影响。

4.1 实验原理与方法

4.1.1 实验材料与配方

实验材料与配方见表 4-1 和表 4-2。

表 4-1 实验材料

材料名称	规格	产地
去离子水	分析纯	实验室自制
高岭石	工业纯	内蒙古清水河地区
丁苯橡胶乳液-1502	工业纯	山东高氏科工贸有限公司
固体丁苯橡胶	工业纯	山东高氏科工贸有限公司
聚丙烯酸钠	分析纯	国药集团化学试剂有限公司
无水乙醇	分析纯	国药集团化学试剂有限公司
氢氧化钠	分析纯	天津永晟精细化工有限公司
硫酸	分析纯	国药集团化学试剂有限公司
氯化镁	分析纯	天津永晟精细化工有限公司

材料名称	规格	产 地
硝酸镁	分析纯	上海埃彼化学试剂有限公司
硫酸铝	分析纯	上海埃彼化学试剂有限公司
硫酸铝钾	分析纯	上海埃彼化学试剂有限公司
促进剂(NS)	分析纯	山东优索化工科技有限公司
氧化锌	工业纯	山东优索化工科技有限公司
硬脂酸	工业纯	山东优索化工科技有限公司
硫黄	工业纯	山东优索化工科技有限公司

表 4-2 橡胶复合材料实验配方

实验材料	实验用量/g	作用
丁苯橡胶	100	材料基体
氧化锌(ZnO)	3	促成助剂
硬脂酸	1	促成助剂
促进剂(NS)	1	硫化促进剂
硫黄(S)	1.75	硫化剂
补强剂	变量	力学补强

4.1.2 制备方法与测试表征

将高岭石与去离子水配成一定固含量的悬浮液,搅拌分散均匀后与介质球混合进行磨剥;然后与一定浓度的橡胶乳液混合进行乳液共混,慢速搅拌一定时间;在 60℃ 水浴下使用蠕动泵滴加絮凝剂絮凝,得到高岭石/橡胶颗粒,用去离子水洗涤三次后在 60℃ 温度下烘干至恒重。

将烘干的胶粒在开炼机上塑炼 2 圈,调节辊距,使二辊之间残留一部分橡胶,依次加入促进剂(1 份)、氧化锌(3 份)和硬脂酸(1 份)等配合剂混合均匀,最后加入硫黄(1.75 份),混合均匀以后调节使辊距达到最小开始薄通,一个大卷两个三角包,依次打三次,调节辊距出片,在室温下静止 24h 排气。将混炼均匀的胶料置入模具，在平板硫化机上模压硫化成型。

硫化性能测试：采用无转子硫化仪在硫化温度 163℃，硫化压力条件下测试橡胶复合材料的硫化性能；主要参数包括硫化时间、焦烧时间、最大扭矩和最小扭矩。

最大扭矩 M_H：胶料在无转子硫化仪中模拟硫化过程中，达到的最大扭矩值。

最小扭矩 M_L：胶料在无转子硫化仪中模拟硫化过程中，达到的最小扭矩值。

硫化时间（t_{90}）：指胶料从放入模腔加热开始到 M_{90} 所用的时间，$M_{90} = M_L + (M_H - M_L) \times 90\%$。

焦烧时间（t_{10}）：指胶料从放入模腔加热开始到 M_{10} 所用的时间，$M_{10} = M_L + (M_H - M_L) \times 10\%$。

门尼黏度是衡量橡胶平均分子量大小和可塑性的参数。采用门尼黏度仪在 100℃，转子转速为 2r/min 条件下测试橡胶复合材料的门尼黏度。

交联密度：将厚度 2mm，长为 2cm，宽为 1cm 的复合材料称其质量 M_r，在体积 100 倍的甲苯溶液中，30℃恒温膨润 72h后取出称其质量 M_s。根据 Flory-Rehner 理论计算出复合材料的交联密度，公式为：

$$D = -[\ln(1-\nu_r) + \nu_r + \chi \nu_r^2] / [V_s(\nu_r^{1/3} - \nu_r/2)]$$

其中 D 是交联密度（mol/cm³），ν_r 为溶胀橡胶的体积分数，V_s 为甲苯的摩尔体积（106.87cm³/mol），χ 为 SBR 分子与溶剂分子之间的相互作用参数，此时 $\chi = 0.386$。

$$\nu_r = (W_r/\rho_r) / (W_r/\rho_r + W_s/\rho_s)$$

其中 W_r 和 W_s 分别是溶胀前和溶胀后胶片的质量，ρ_r 是 SBR 的密度（0.915g/cm³），ρ_s 是甲苯的密度（0.866g/cm³）。

根据 Flory-Rehner 公式，两交联点之间的有效平均分子量：

$$M_c = \rho_r / D$$

4.2 乳液共混法高岭石/丁苯橡胶复合材料的加工性能研究

4.2.1 絮凝剂类型的影响

分别选取了 $MgCl_2$、$Mg(NO_3)_2$、H_2SO_4、$Al_2(SO_4)_3$、$KAl(SO_4)_2$ 五种絮凝剂进行絮凝实验。表 4-3 为填充复合材料的硫化加工性能参数。橡胶材料的最大扭矩（M_H）可以反映胶料的加工黏度，而最小扭矩（M_L）则与胶料的流动性相关，ΔM 为 M_H 和 M_L 的差值，与橡胶材料的交联密度有关。不同絮凝剂制备复合材料的 M_L 没有较大的变化，而 $Al_2(SO_4)_3$ 和 $KAl(SO_4)_2$ 的 M_H 和 ΔM 明显高于其他絮凝剂絮凝橡胶材料的值，这与橡胶材料的交联密度数据相一致；同时，$Al_2(SO_4)_3$ 和 $KAl(SO_4)_2$ 的门尼黏度也是最高的。$Mg(NO_3)_2$ 的焦烧时间（t_{10}）最短，不利于橡胶加工安全；而 $Al_2(SO_4)_3$ 的焦烧时间（t_{10}）和硫化时间分别为 5.20min 和 14.30min，在保证足够加工安全性的同时，保持了合理的硫化时间，具有较好的综合加工性能。

表 4-3 不同絮凝剂制备高岭石/丁苯橡胶复合材料的硫化加工性能

絮凝剂类型	最小扭矩 /N·m	最大扭矩 /N·m	扭矩差 /N·m	焦烧时间 /min	硫化时间 /min	门尼黏度
$MgCl_2$	0.11	0.95	0.84	4.57	11.97	49.7
$Mg(NO_3)_2$	0.12	0.99	0.87	3.45	8.92	48.0
H_2SO_4	0.10	0.84	0.74	3.87	12.17	44.6
$Al_2(SO_4)_3$	0.13	1.07	0.94	5.25	14.30	56.6
$KAl(SO_4)_2$	0.13	1.16	1.03	3.55	9.13	57.1

4.2.2　絮凝剂浓度的影响

对选取的 $MgCl_2$、$Mg(NO_3)_2$、H_2SO_4、$Al_2(SO_4)_3$ 和 $KAl(SO_4)_2$ 五种絮凝剂，考察了其浓度对填充复合材料硫化加工性能的影响。表 4-4 为五种絮凝剂不同浓度下填充复合材料的硫化参数。从表 4-4 可以看出，对于 $MgCl_2$ 絮凝剂来说，随着浓度的不断增大，复合材料的最小扭矩呈现迅速减小并趋于稳定的趋势，当质量浓度为 10% 时与浓度为 0.5% 时相比最小扭矩减小了 45.5%，而最大扭矩和 ΔM 呈现逐渐减小的趋势，这归因于高浓度的 $MgCl_2$ 破坏了丁苯橡胶乳液电离平衡，影响其力学性能。焦烧时间呈逐渐减小，而硫化时间呈逐渐增大的趋势。$Mg(NO_3)_2$ 为絮凝剂时，复合材料的最小扭矩、最大扭矩和 ΔM 均随浓度增大而呈现减小的趋势，当絮凝剂浓度达到 8% 时与浓度为 10% 时硫化性能变化不大。H_2SO_4 为絮凝剂时，絮凝剂浓度对最小扭矩的影响不大，ΔM 呈现逐渐增大的趋势，但是这种趋势稳定性较差。从表 4-4 可以看出，对于 $Al_2(SO_4)_3$ 絮凝剂来说，随着浓度的不断提高，复合材料的最小扭矩呈整体缓慢增大的趋势，而最大扭矩和 ΔM 呈现先增大后减小的趋势，当 $Al_2(SO_4)_3$ 的浓度为 5% 时，最大扭矩和 ΔM 分别达到最大值 1.07N·m 和 0.94N·m；复合材料的焦烧时间和硫化时间呈现总体降低的趋势，由于焦烧时间和硫化时间分别与硫化胶的加工安全性和加工效率相关，因此应选择合适的焦烧时间和硫化时间。对于 $KAl(SO_4)_2$ 絮凝剂来说，高岭石复合材料的最小扭矩、最大扭矩和 ΔM 呈不断增大的趋势；但是，复合材料焦烧时间和硫化时间呈现先增加后降低的趋势，但是焦烧时间过低会影响混炼胶的加工安全性。因此，选取 $MgCl_2$、$Mg(NO_3)_2$、H_2SO_4、$Al_2(SO_4)_3$ 和 $KAl(SO_4)_2$ 絮凝剂的浓度分别为 0.5%、0.5%、10%、5% 和 10%。

表 4-4 不同浓度絮凝剂制备高岭石/丁苯橡胶复合材料的硫化性能

絮凝剂类型	浓度/%	最小扭矩/N·m	最大扭矩/N·m	扭矩差/N·m	焦烧时间/min	硫化时间/min	门尼黏度
MgCl₂	0.5	0.11	0.95	0.84	4.57	11.97	49.3
	2	0.08	0.74	0.66	3.53	8.63	41.5
	5	0.06	0.65	0.59	3.52	16.20	35.2
	8	0.06	0.68	0.62	3.42	12.77	37.9
	10	0.06	0.64	0.58	2.92	26.53	34.9
Mg(NO₃)₂	0.5	0.12	0.99	0.87	3.45	8.92	48.0
	2	0.09	0.80	0.71	3.57	12.15	42.0
	5	0.10	0.85	0.75	4.02	11.10	47.7
	8	0.07	0.67	0.60	3.25	8.43	40.8
	10	0.07	0.67	0.60	3.25	25.10	37.9
H₂SO₄	0.5	0.10	0.75	0.65	3.93	15.65	54.3
	2	0.10	0.78	0.68	4.67	16.33	47.2
	5	0.09	0.67	0.58	4.33	25.07	41.6
	8	0.09	0.77	0.68	4.43	17.02	51.5
	10	0.10	0.84	0.74	3.87	12.17	44.6
Al₂(SO₄)₃	0.5	0.11	0.98	0.87	5.20	19.15	51.9
	2	0.12	1.00	0.88	5.00	14.37	56.4
	5	0.13	1.07	0.94	5.20	14.30	56.6
	8	0.13	1.05	0.92	4.90	12.75	54.6
	10	0.14	1.02	0.88	4.63	13.67	61.9
KAl(SO₄)₂	0.5	0.10	0.99	0.89	2.95	11.62	49.8
	2	0.12	1.05	0.93	4.33	12.33	53.0
	5	0.13	1.11	0.98	3.80	10.20	54.2
	8	0.13	1.11	0.98	3.95	10.33	54.5
	10	0.13	1.16	1.03	3.55	9.13	57.1

4.2.3 絮凝剂滴加速度的影响

选取的 $MgCl_2$、$Mg(NO_3)_2$、H_2SO_4、$Al_2(SO_4)_3$ 和 $KAl(SO_4)_2$ 五种絮凝剂,在絮凝剂浓度一定的条件下,考察了絮凝剂滴加速度对填充复合材料硫化加工性能的影响。从表 4-5 可以看出,随着 $MgCl_2$ 滴加速度的增大,复合材料的 ΔM 总体呈现减小的趋势,说明滴加速度增大使复合材料的交联密度有所降低。0.5%

的 $Mg(NO_3)_2$ 和 10% H_2SO_4 为絮凝剂，滴加速度增大，最小扭矩、最大扭矩、ΔM 呈现先增大后减小的趋势；当滴加速度为 9mL/min 时，均达到最大分别为 0.74N·m 和 0.77N·m，此时复合材料的交联密度较大。从表 4-5 中可以看出，随着 $Al_2(SO_4)_3$ 滴加速度的增大，复合材料的 t_{10} 和 t_{90} 整体呈现不断减小的趋势，说明滴加速度使复合材料的交联速度提高；但是，ΔM 呈不断增大的趋势，说明对复合材料的交联程度具有一定的影响。对于 $KAl(SO_4)_2$ 絮凝剂，复合材料的最大扭矩和 ΔM 呈先增大后减小的趋势，当滴加速度为 9mL/min 时，复合材料的最大扭矩和 ΔM 达到最大值，分别为 1.27N·m 和 1.15N·m；复合材料的焦烧时间变化不大，但是硫化时间变化不稳定。由于焦烧时间涉及橡胶材料的加工安全性，因此，絮凝剂的滴加速度为 6mL/min。

表 4-5　絮凝剂滴加速度对高岭石/丁苯橡胶复合材料硫化性能的影响

絮凝剂类型	滴速 /(mL/min)	最小扭矩 /N·m	最大扭矩 /N·m	扭矩差 /N·m	焦烧时间 /min	硫化时间 /min	门尼黏度
0.5% $MgCl_2$	3	0.09	0.91	0.82	3.40	11.80	42.1
	6	0.10	0.83	0.73	4.76	17.52	50.1
	9	0.06	0.71	0.65	3.27	23.47	39.8
	12	0.09	0.79	0.70	3.97	15.15	44.6
0.5% $Mg(NO_3)_2$	3	0.07	0.71	0.64	3.40	24.12	43.2
	6	0.09	0.80	0.71	4.33	14.52	44.9
	9	0.10	0.84	0.74	4.62	15.32	48.8
	12	0.07	0.71	0.64	3.40	24.12	43.2
10% H_2SO_4	3	0.10	0.86	0.76	5.23	22.83	50.5
	6	0.12	0.87	0.75	5.40	20.55	51.9
	9	0.13	0.90	0.77	5.72	21.57	54.5
	12	0.11	0.87	0.76	4.97	19.73	52.7
5% $Al_2(SO_4)_3$	3	0.13	1.07	0.94	5.20	14.30	56.6
	6	0.11	1.07	0.96	5.00	14.37	50.8
	9	0.12	1.17	1.05	3.70	10.33	52.2
	12	0.13	1.19	1.06	3.56	9.82	54.5

絮凝剂类型	滴速 /(mL/min)	最小扭矩 /N·m	最大扭矩 /N·m	扭矩差 /N·m	焦烧时间 /min	硫化时间 /min	门尼 黏度
10% KAl(SO₄)₂	3	0.13	1.16	1.03	3.55	9.13	57.1
	6	0.11	1.19	0.98	4.61	11.93	54.7
	9	0.12	1.27	1.15	3.07	8.15	53.0
	12	0.13	1.14	1.01	4.02	10.03	54.4

4.2.4　高岭石表面性质的影响

表面改性剂的修饰可以改善高岭石颗粒与丁苯橡胶结合界面，促进填料颗粒在橡胶基体中的分散，从而改善和提高填充橡胶复合材料的加工性能和力学性能。采用五种不同的表面改性剂对高岭石在磨剥过程中进行表面改性处理，然后填充到丁苯橡胶中制备出高岭石/丁苯橡胶复合材料。高岭石填充份数为 50，高岭石的中位径 d_{50} 在 $1\mu m$ 左右，改性剂用量为高岭石干粉质量的 1%。

表 4-6　不同表面改性剂处理高岭石填充的复合材料加工性能

改性剂类型	最大扭矩 /N·m	最小扭矩 /N·m	扭矩差 /N·m	焦烧时间 /min	硫化时间 /min	门尼黏度 $M_{L(1+4)}^{100℃}$
未改性	0.68	0.08	0.6	4:27	14:45	43.0
铝酸酯	0.69	0.09	0.6	4:08	15:01	51.8
KH172	0.78	0.10	0.68	4:32	14:39	49.2
KH560	0.73	0.09	0.64	4:28	15:51	48.6
Si69	0.77	0.09	0.68	3:49	15:30	50.9
HY101	0.74	0.09	0.65	4:21	15:51	52.5

分别使用了铝酸酯偶联剂、钛酸酯偶联剂 HY101、硅烷偶联剂 KH172 和 KH560 以及 Si69 五种不同的表面改性剂对高岭石在磨剥过程中进行表面改性，然后用乳液共混法制备出高岭石/丁苯橡胶复合材料。由表 4-6 可知：未经过表面改性的高岭

石填充到丁苯橡胶制备的复合材料的最大扭矩是 0.68N·m，最小扭矩是 0.08N·m，门尼黏度值是 43.0。图 4-1 为不同表面改性剂对复合材料最大扭矩和最小扭矩的影响，经过表面改性剂改性处理的高岭石填充到丁苯橡胶制备的复合材料的最大扭矩、最小扭矩和门尼黏度值均有增加，其中硅烷偶联剂 KH172 和 Si69 的改性效果最佳，最大扭矩分别增加到 0.78N·m 和 0.77N·m。图 4-2 为不同表面改性剂对复合材料硫化时间和焦烧时间的影响，复合材料的硫化时间和焦烧时间变化不大，相差 1min 左右。以上结果说明经过硅烷偶联剂 KH172 和 Si69 处理的高岭石填充到丁苯橡胶中对复合材料的力学性能提升较为明显，从而得出 Si69 和 KH172 改性效果最好，KH560 和 HY101 次之，铝酸酯偶联剂改性效果最差。

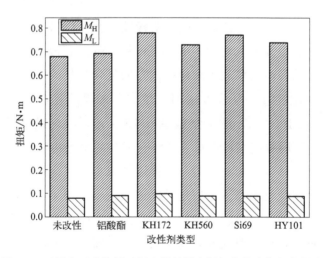

图 4-1　不同表面改性剂对复合材料最大扭矩和最小扭矩的影响

4.2.5　高岭石粒度的影响

高岭石的粒度对于填充橡胶至关重要，高岭石的粒度越小，

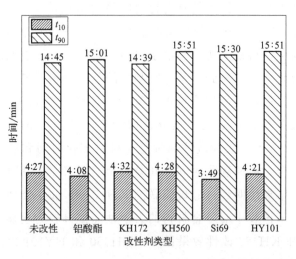

图 4-2　不同表面改性剂对复合材料焦烧时间和硫化时间的影响

比表面积越大，表面活性越强，对橡胶的补强作用也就越强。本小节高岭石填充份数均为 50phr，采用 Si69 进行改性。表 4-7 为不同粒度的高岭石填充丁苯橡胶制备的复合材料的加工性能。当高岭石中位径 d_{50} 为 2.2μm 时，填充丁苯橡胶复合材料的最大扭矩是 0.71N・m，最小扭矩是 0.1N・m，门尼黏度是 62.2。图 4-3 为不同粒度高岭石填充的复合材料的最大扭矩和最小扭矩的变化规律，随着填充高岭石粒径逐渐减小，复合材料的最大扭矩和最小扭矩逐渐增大，门尼黏度逐渐减小。图 4-4 为不同粒度高岭石填充的复合材料的硫化时间和焦烧时间的变化规律。从图中可以看出，硫化时间和焦烧时间都有不同程度的增长，这说明随着高岭石粒度的降低，可以有效地降低橡胶硫化过程胶料的黏度，改善橡胶加工性能。当填充的高岭石粒度 d_{50} 减小到 0.7μm 时，高岭石达到微纳米级，高岭石的表面能最大，加快了硫化橡胶的交联速度，橡胶链段和高岭石片层表面结合作用力最大，复合材料的扭矩达到最大，硫化时间最短。

表 4-7　不同粒度高岭石填充复合材料的加工性能

粒度 /μm	最大扭矩 /N·m	最小扭矩 /N·m	扭矩差 /N·m	焦烧时间 /min	硫化时间 /min	$M_{(1+4)}$
2.2	0.71	0.10	0.61	3:21	13:16	62.2
1.9	0.81	0.10	0.71	4:25	13:56	55.9
1.6	0.77	0.11	0.66	4:14	16:40	55.8
1.3	0.82	0.12	0.70	4:40	13:40	54.2
1.0	0.77	0.09	0.68	3:49	15:30	50.9
0.7	1.02	0.11	0.91	3:25	11:44	49.4

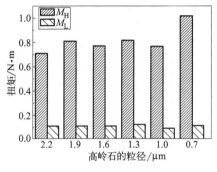

图 4-3　不同粒度高岭石填充的复合
材料的最大扭矩和最小扭矩

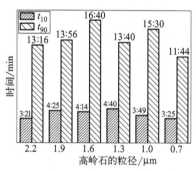

图 4-4　不同粒度高岭石填充的复合
材料焦烧时间和硫化时间

4.2.6　高岭石填充份数的影响

表 4-8 为高岭石填充份数对复合材料加工性能的影响，没有经过高岭石填充的丁苯橡胶最大扭矩是 0.33N·m，最小扭矩是 0.04N·m，门尼黏度是 41.6。随着高岭石填充份数的增加，复合材料的最大扭矩、最小扭矩和门尼黏度值总体呈现上升趋势，当高岭石填充到 80 份时，复合材料的最大扭矩达到 1.02N·m，最小扭矩达到 0.15N·m，门尼黏度值达到了 65.5。图 4-5 为高岭石填充份数对复合材料最大扭矩和最小扭矩的影响。随着高岭

石填充份数的增加，橡胶基体中的高岭石颗粒增多，橡胶分子与高岭石表面相结合形成结合橡胶的机会增加，高岭石的片层结构会限制橡胶链段的移动，从而使得高岭石/丁苯橡胶复合材料的最大扭矩、最小扭矩和门尼黏度值逐渐增大。图 4-6 为高岭石填

表 4-8 不同的高岭石填充份数的复合材料加工性能

高岭石填充份数	最大扭矩/N·m	最小扭矩/N·m	扭矩差/N·m	焦烧时间/min	硫化时间/min	$M_{(1+4)}$
0	0.33	0.04	0.29	3:40	14:52	41.6
10	0.49	0.06	0.43	4:10	14:31	50.2
20	0.64	0.09	0.55	4:24	14:30	48.0
30	0.71	0.09	0.62	5:24	17:32	50.5
40	0.73	0.08	0.65	3:51	15:52	50.2
50	0.77	0.09	0.68	3:49	15:30	50.9
60	0.86	0.12	0.74	5:07	18:52	55.0
70	1.02	0.13	0.89	4:13	13:40	57.2
80	1.02	0.15	0.87	5:03	18:16	65.5

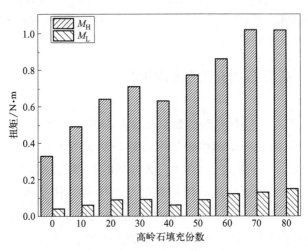

图 4-5 不同的高岭石填充份数对复合材料最大扭矩和最小扭矩的影响

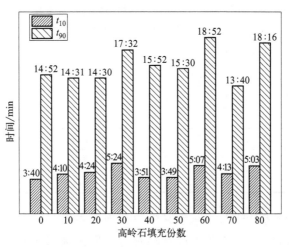

图 4-6　不同的高岭石填充份数对复合材料焦烧时间和硫化时间的影响

充份数对复合材料焦烧时间和硫化时间的影响。随着高岭石填充份数的增加，复合材料的硫化时间和焦烧时间变化没有规律，差距不大。而橡胶的交联速度与高岭石的表面性质、比表面积等有关，高岭石的表面活性越强，交联速度越快，与高岭石的填充份数没有太大关系。由于上述实验要求高岭石的粒径 d_{50} 为 1.0μm，高岭石磨剥时间的不同造成高岭石表面活性有所不同，因此复合材料的正硫化时间 t_{90} 有所浮动，但是变化不大。

4.2.7　填料复配的影响

本小节采用高岭石和炭黑复配填充丁苯橡胶制备复合材料，首先采用乳液共混法将高岭石浆液和丁苯胶乳均匀混合制备高岭石/丁苯橡胶复合材料，然后采用熔融共混法加入炭黑制备出炭黑-高岭石/丁苯橡胶复合材料。高岭石和炭黑共填充 50 份，高岭石粒度 d_{50} 为 1μm，炭黑为市售炭黑 N330。

表 4-9　不同高岭石与炭黑复配填充复合材料的加工性能

高岭石与炭黑比例	最大扭矩 /N·m	最小扭矩 /N·m	扭矩差 /N·m	焦烧时间 /min	硫化时间 /min	$M_{(1+4)}$
5∶0	0.77	0.09	0.68	3∶49	15∶30	50.9
4∶1	0.81	0.08	0.73	3∶08	16∶54	64.5
3∶2	0.82	0.11	0.71	3∶00	16∶56	93.2
2∶3	1.12	0.15	0.97	2∶56	12∶37	101.4
1∶4	1.42	0.20	1.22	2∶37	9∶51	96.3
0∶5	1.70	0.21	1.49	1∶26	5∶51	93.5

表 4-9 为高岭石与炭黑复配填充到丁苯橡胶中复合材料的加工性能参数。图 4-7 为不同高岭石与炭黑比例填充复合材料的最大扭矩和最小扭矩变化规律。随着高岭石比例的减少，炭黑比例的增加，复合材料的最大扭矩、最小扭矩逐渐增加，交联密度 ΔM 也在逐渐增加，由于炭黑的补强效果优于高岭石的补强效果，因此复合材料的最大扭矩和交联密度逐渐增加。图 4-8 为不同高岭石与炭黑比例填充复合材料的焦烧时间和硫化时间变化规律，硫化时间和焦烧时间逐渐减少，说明炭黑有促进混炼胶硫化

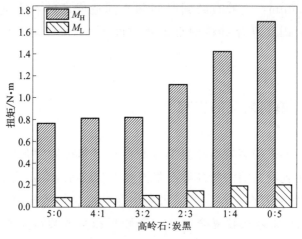

图 4-7　不同高岭石与炭黑比例的复合材料的最大扭矩和最小扭矩

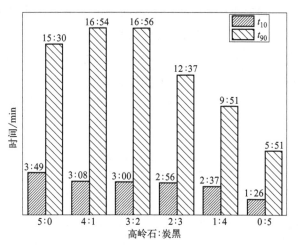

图 4-8 不同高岭石与炭黑比例的复合材料的焦烧时间和硫化时间

速率的作用。随着炭黑比例的增加，复合材料的硫化速度逐渐加快，对于橡胶的加工安全性有较大的影响，橡胶会在前期加工中发生一部分交联作用，对于橡胶的性能以及加工安全性产生较坏的影响。随着炭黑比例的增加，门尼黏度值很大，说明橡胶的分子量较大，流动性较差，也会对橡胶安全加工产生负面影响。

4.3 熔融共混法高岭石/橡胶复合材料加工性能研究

4.3.1 填料粒度的影响

　　填料的粒度与填料的比表面积和表面能密切相关。随着填料粒度的减小，其比表面积急剧增大，需要润湿的面积增大，填料与橡胶的接触面积也不断增加。因此，填料粒度的差异必然会对橡胶的硫化性能和力学性能产生不同程度的影响。本实验中将高岭石样品按四种不同的粒级填充到橡胶基体中，考察了高岭石的粒度对橡胶复合材料的硫化性能和力学性能的影响。高岭石样品的添加量均为 50 份，且经过了相同条件的改性处理。表 4-10 为高岭石样品的不同粒度。从表中可以看出，高岭石样品的四个粒级的区分度比较明显。

表 4-10　不同粒度的高岭石样品

高岭石样品	粒度/μm			≤1μm/％（质量分数）
	$d_{(0.1)}$	$d_{(0.5)}$	$d_{(0.9)}$	
K1	1.060	6.489	22.193	9.05％
K2	0.886	3.735	17.936	12.20％
K3	0.629	1.933	4.981	22.75％
K4	0.280	0.533	1.691	79.27％

表 4-11　不同粒度高岭石样品填充 SBR 复合材料的硫化性能指标

SBR 复合材料样品	最小扭矩/N·m	最大扭矩/N·m	扭矩差/N·m	焦烧时间/min	硫化时间/min
纯 SBR	0.858	3.635	2.777	12.39	24.06
K1-SBR	1.113	2.603	1.49	9.16	22.01
K2-SBR	1.115	2.951	1.836	8.39	17.44
K3-SBR	0.910	2.244	1.334	7.13	17.15
K4-SBR	0.865	3.257	2.392	5.51	14.21

　　表 4-11 为不同粒度高岭石样品填充复合材料的硫化性能指标。从表中可以看出，相对于纯胶的硫化性能指标，填充 SBR 复合材料的最小扭矩基本上没有较大的变化，而最大扭矩都不同程度地减小，这说明高岭石样品在橡胶硫化过程中有效降低了胶料的黏度，从而改善了橡胶材料的加工性能。图 4-9 为不同粒度高岭土样品填充 SBR 复合材料的焦烧时间和硫化时间，就胶料的焦烧时间来看，与纯胶相比，高岭石填充橡胶材料的焦烧时间

都有所缩短，并且随着高岭石样品粒度的减小呈递减的趋势，这主要是由于随着填料粒度的降低，比表面积增加，填料与橡胶的接触面积增大，阻碍了大分子链的运动，从而会缩短胶料的焦烧时间；从胶料的工艺正硫化时间来看，高岭石填充橡胶材料的 t_{90} 明显缩短，并且随着高岭石粒

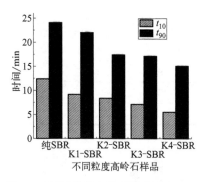

图 4-9　不同粒度高岭石样品填充 SBR 复合材料的焦烧时间和硫化时间

度的降低不断减短，这一性质与白炭黑的特性相反。高岭石填充橡胶使胶料的硫化速度加快，从而有效提高了生产效率，降低了能耗。

4.3.2　填料表面性质的影响

本实验中采用 M1、M2、M3、M4、M5 和 M6 等六种改性剂对高岭石表面进行改性处理。不同的改性剂使高岭石具有不同的表面性质，本小节主要讨论高岭石表面性质的差异对橡胶复合材料的硫化性能和力学性能的影响，填料在橡胶基体的添加量为50 份，且高岭石样品为同批次 K4 样品。

表 4-12　不同改性剂改性高岭石样品填充 SBR 复合材料的硫化性能指标

SBR 复合材料样品	最小扭矩/N·m	最大扭矩/N·m	扭矩差/N·m	焦烧时间/min	硫化时间/min
纯 SBR	0.858	3.635	2.777	12.39	24.06
M1-SBR	0.675	2.142	1.445	12.21	21.90
M2-SBR	1.004	2.983	1.979	6.20	15.47
M3-SBR	0.794	2.612	1.818	6.08	15.46

SBR 复合 材料样品	最小扭矩 /N·m	最大扭矩 /N·m	扭矩差 /N·m	焦烧时间 /min	硫化时间 /min
M4-SBR	0.91	2.244	1.334	7.08	17.15
M5-SBR	0.771	2.764	1.993	8.07	17.02
M6-SBR	0.865	3.257	2.392	5.51	14.21

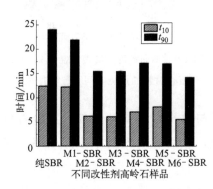

图 4-10 不同改性剂改性高岭石样品填充
SBR 复合材料的焦烧时间和硫化时间

表 4-12 为不同改性剂改性高岭石样品填充 SBR 复合材料的硫化性能指标。从表中可以看出，与纯 SBR 相比，高岭石改性后填充 SBR 复合材料的最小扭矩没有明显的变化规律，而最大扭矩都有不同程度的降低，与上一小节所述相同，高岭石样品在橡胶的加工过程中降低了胶料的黏度，改善了胶料的加工性能。图 4-10 为不同改性剂改性高岭石样品填充 SBR 复合材料的焦烧时间和硫化时间，就胶料的焦烧时间和硫化时间来看，M1 样品填充的复合材料变化不大，而其他样品填充的复合材料均有较大幅度的缩短。

4.3.3 填料用量的影响

橡胶材料中填料的添加用量的高低，不仅会影响橡胶产品的成本，还会直接影响橡胶产品的加工和应用性能。理论上来说，填料的添加量越高，单位橡胶产品的成本越低，但是在实际使用过程中，填料的用量多少不仅要考虑产品的成本，还要考察材料的加工可操作性和使用性能。本实验主要考察了填料的用量对复合材料的硫化性能和主要力学性能的影响。高岭石样品为同批次 K4 样品，且均在相同的条件下采用 M6 改性剂改性。

表 4-13　填充不同份数高岭石样品 SBR 复合材料的硫化性能指标

SBR 复合材料样品	最小扭矩/N·m	最大扭矩/N·m	扭矩差/N·m	焦烧时间/min	硫化时间/min
纯 SBR	0.858	3.635	2.777	12.39	24.06
MK-20-SBR	0.937	2.524	1.587	9.53	19.14
MK-30-SBR	0.976	2.33	1.354	8.27	17.38
MK-40-SBR	1.017	2.441	1.424	7.13	16.23
MK-50-SBR	0.865	3.257	2.392	5.51	14.21
MK-60-SBR	0.964	2.463	1.499	5.06	15.21
MK-70-SBR	1.044	2.705	1.661	4.16	14.17
MK-80-SBR	1.021	2.54	1.519	3.41	14.11

表 4-13 为填充不同份数高岭石样品的 SBR 复合材料的硫化性能指标。从表中可以看出，将高岭石按不同填充份数填充到 SBR 中后，与纯胶相比，复合材料的最小扭矩变大，但是最大扭矩都有不同幅度的降低。就焦烧时间和硫化时间来看，不同填充份数高岭石填充的 SBR 复合材料都有显著的降低，并且随着填充份数的增加，焦烧时间和硫化时间逐渐缩短，当添加量为 80 份时，焦烧时间和硫化时间最短，分别为 3.41min 和 14.11min。这说明高岭石填充份数的提高可以改善 SBR 复合材料的加工性能，提高材料的硫化效率。图 4-11 为不同

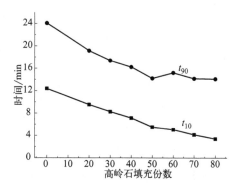

图 4-11　不同填充份数高岭石填充 SBR 复合材料的焦烧时间和硫化时间

填充份数高岭石填充 SBR 复合材料的焦烧时间和硫化时间，高岭石的加入缩短了胶料的焦烧时间，不利于胶料的前期加工，尤其是当添加量太大时，复合材料的焦烧时间过短，没有充分的时间混炼、压延、压出、成型，因此不利于材料的加工安全性。

4.3.4 填料结构的影响

在一定的粒度范围内，不同结构的填料在橡胶基体中与橡胶分子的接触以及相互作用是有一定差异的。因此填料的形态结构对于填充橡胶复合材料的加工性能和力学性能的影响也表现出差异性。本实验采用通用的橡胶填料，在 SBR 橡胶中分别加入炭黑（CB，球状）、白炭黑（PS，球状）和高岭石（K，片层状）进行结构对比的实验，考察了三种不同的填料对 SBR 复合材料的硫化性能和力学性能的影响。填料的添加份数为 50。

表 4-14 不同结构类型填料填充 SBR 复合材料的硫化性能指标

SBR 复合材料样品	最小扭矩/N·m	最大扭矩/N·m	扭矩差/N·m	焦烧时间/min	硫化时间/min
纯 SBR	0.858	3.635	2.777	12.39	24.06
CB-SBR	1.477	5.007	3.53	5.10	15.04
PS-SBR	1.82	4.886	3.066	25.27	64.01
K-SBR	0.865	3.257	2.392	5.51	14.21

从表 4-14 可知，三种不同类型的填料填充 SBR 复合材料后，复合材料的硫化性能具有一定的差异性。与纯 SBR 相比，炭黑（CB）和白炭黑（PS）填充的复合材料硫化时的最小扭矩和最大扭矩都有明显的增大，这是由于炭黑的填充在基体中产生了包容胶，使得混炼胶料的黏度增大，而白炭黑具有强烈的吸附作用；而高岭石填充的复合材料最大扭矩有所降低，胶料的黏度有一定程度的降低。图 4-12 为不同结构类型填料填充 SBR 复合

材料的焦烧时间和硫化时间，炭黑和高岭石填料都显著缩短了胶料的焦烧和硫化时间，这是由于填料促进了结合胶网构密度的提高，阻碍了大分子链的运动。白炭黑（PS）填充复合材料的焦烧和硫化时间却有明显的延长，这主要归因于白炭黑会强烈吸

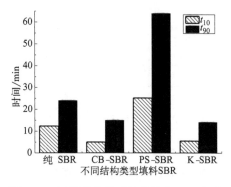

图 4-12 不同结构类型填料填充 SBR 复合材料的焦烧时间 t_{10} 和硫化时间 t_{90}

附胶料中的促进剂，从而使硫化迟延，降低了硫化效率。上述结果说明，与传统填料相比，高岭石的加入不但改善了胶料的加工性能，而且有效提高了胶料的硫化效率。

4.3.5 填料配合的影响

填料的不同结构对 SBR 复合材料的力学性能具有显著的影响，不同结构的填料混合使用可能会相互弥补各自结构上的不足，对复合材料的加工和力学性能具有更好的提高效果。本小节将同样亲无机的高岭石和白炭黑混合使用填充到 SBR 基体中，考察了不同混合比例对 SBR 材料加工性能的影响。高岭石为 M6 改性的 K4 样品，填料总的填充量为 50 份。

表 4-15 高岭石和白炭黑配合填充的 SBR 复合材料的硫化性能指标

SBR 复合材料样品	最小扭矩/N・m	最大扭矩/N・m	扭矩差/N・m	焦烧时间/min	硫化时间/min
纯 SBR	0.858	3.635	2.777	12.39	24.06
K	0.865	3.257	2.392	5.51	14.21
K：PS=4：1	1.137	3.459	2.322	8.44	17.51

SBR 复合 材料样品	最小扭矩 /N·m	最大扭矩 /N·m	扭矩差 /N·m	焦烧时间 /min	硫化时间 /min
K：PS＝3：2	1.348	3.522	2.174	9.41	23.38
K：PS＝2：3	1.906	4.023	2.117	12.53	31.56
K：PS＝1：4	2.538	4.373	1.835	17.10	43.04
PS	1.82	4.886	3.066	25.27	64.01

从表 4-15 可以看出，高岭石和白炭黑配合后，随着高岭石的比例不断降低，填充复合材料在硫化时的最大和最小扭矩不断增大，当高岭石和白炭黑的比例为 1：4 时，配合填料填充的混炼胶料的最大扭矩达到 4.373N·m，这说明白炭黑的加入比例增加使得混炼胶料的黏度不断增大，这也与前一小节的结果相吻合。同时从焦烧时间和硫化时间来看，高岭石单一填充的胶料的焦烧时间和硫化时间都有明显的缩短，然而高岭石和白炭黑配合后，高岭石比例较高时，相对白炭黑单独填充，胶料的焦烧时间和硫化时间具有明显的缩短，这主要是由于白炭黑亲无机物，其与高岭石具有物理或化学的吸附作用，从而减少了促进剂的吸附。图 4-13 为高岭石和白炭黑配合填充 SBR 复合

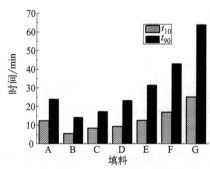

图 4-13　高岭石和白炭黑配合填充 SBR 复合材料的焦烧时间 t_{10} 和硫化时间 t_{90}
A—纯 SBR；B—高岭石；C—K：PS＝4：1；
D—K：PS＝3：2；E—K：PS＝2：3；
F—K：PS＝1：4；G—PS

材料的焦烧时间和硫化时间变化规律。随着白炭黑的比例增加，混炼胶料的焦烧时间和硫化时间不断延长，当高岭石和白炭黑的比例为 1：4 时，配合填料填充的混炼胶料的硫化时间达到了

43.04min，这也说明白炭黑加入后，由于其具有强烈的吸附作用，在混炼过程中会吸附促进剂，降低了硫化效率，使硫化时间延迟。

4.4 氢氧化镧/高岭石填充橡胶复合材料加工性能研究

4.4.1 氢氧化镧负载量的影响

本小节采用乳液共混法制备了高岭石表面负载不同含量 $La(OH)_3$ 的 $La(OH)_3$/高岭石/天然橡胶复合材料，考察了 $La(OH)_3$ 在高岭石表面的负载量对复合材料加工性能的影响。实验中高岭石粒径为 $1.1\mu m$ 左右，$La(OH)_3$/高岭石复合物用量为 50 份。

表 4-16 不同负载量的 $La(OH)_3$/高岭石复合物填充天然橡胶的加工性能

[$La(OH)_3$/高岭石 负载量]/%	焦烧时间 /min	硫化时间 /min	最大扭矩 /dN·m	最小扭矩 /dN·m	扭矩差 /dN·m
纯天然橡胶	7.63	13.10	6.06	0.17	5.89
0	5.30	11.62	8.23	0.19	8.04
0.5	6.10	11.52	9.19	0.24	8.95
1	6.57	12.13	8.90	0.25	8.65
2	7.00	12.60	7.59	0.19	7.40
3	7.52	13.02	7.93	0.21	7.72
4	6.25	12.32	7.80	0.22	7.58

表 4-16 为不同复合材料的加工性能参数。t_{10} 为焦烧时间，反映了橡胶在加工过程中的安全指数，t_{90} 为硫化时间，反映了橡胶在加工过程中的效率，M_H 为最大扭矩，反映橡胶的加工黏

度，M_L 为最小扭矩，与胶料的流动性有关，ΔM 为最大扭矩 M_H 与最小扭矩 M_L 的差值，与复合材料的交联密度有关。图 4-14 为不同负载量的 $La(OH)_3$/高岭石复合物填充天然橡胶的焦烧时间和硫化时间。可以看出，与纯天然橡胶相比，填充橡胶复合材料的焦烧时间和硫化时间均有不同程度的降低，但是与高岭石/天然橡胶复合材料相比，$La(OH)_3$/高岭石/天然橡胶复合材料的焦烧时间和硫化时间均有不同程度的升高，而且随着 La/高岭石值的增加焦烧时间和硫化时间呈现上升的趋势，说明高岭石表面 $La(OH)_3$ 的存在可以增加橡胶加工过程中的安全性。图 4-15 为 $La(OH)_3$/高岭石/天然橡胶复合材料最大扭矩和最小扭矩的影响规律。复合材料的最小扭矩与纯天然橡胶相比基本保持不变，最大扭矩有所增加，当 La/高岭石为 0.5％时出现最大值，为 9.19dN·m，但是随着 La/高岭石值的增加，最大扭矩有所下降，这可能是因为高岭石表面的 $La(OH)_3$ 分散不均匀，团聚严重。

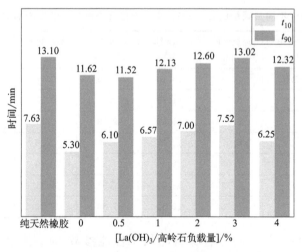

图 4-14　不同负载量的 $La(OH)_3$/高岭石复合物填充
天然橡胶的焦烧时间 t_{10} 和硫化时间 t_{90}

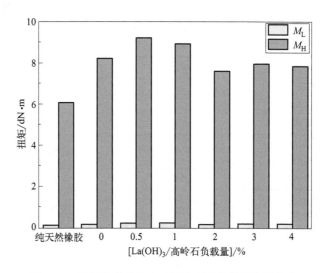

图 4-15　不同负载量的 La(OH)$_3$/高岭石复合物填充

天然橡胶的最大扭矩 M_H 和最小扭矩 M_L

4.4.2　氢氧化镧/高岭石复合物填充份数的影响

综合考虑，选取 La(OH)$_3$/高岭石＝1% 为最优条件，制备了填充不同份数 La(OH)$_3$/高岭石复合物的 La(OH)$_3$/高岭石/天然橡胶复合材料，考察了 La(OH)$_3$/高岭石复合物的用量对复合材料加工性能的影响。

表 4-17　不同填充份数的 La(OH)$_3$/高岭石复合物填充天然橡胶的加工性能

填充份数		焦烧时间/min	硫化时间/min	最大扭矩/dN·m	最小扭矩/dN·m	扭矩差/dN·m
0		7.63	13.10	6.06	0.17	5.89
10	高岭石	5.95	10.33	7.25	0.19	7.06
	La(OH)$_3$/高岭石	6.60	10.97	6.92	0.18	6.74

填充份数		焦烧时间 /min	硫化时间 /min	最大扭矩 /dN·m	最小扭矩 /dN·m	扭矩差 /dN·m
20	高岭石	5.17	10.15	6.61	0.19	6.42
	La(OH)₃/ 高岭石	6.72	12.43	8.61	0.25	8.36
30	高岭石	6.17	12.07	8.25	0.20	8.05
	La(OH)₃/ 高岭石	5.93	11.77	7.25	0.18	7.07
40	高岭石	6.55	12.35	8.02	0.21	7.81
	La(OH)₃/ 高岭石	5.70	11.83	7.52	0.20	7.32
50	高岭石	5.30	11.62	8.23	0.19	8.04
	La(OH)₃/ 高岭石	6.57	12.13	8.90	0.25	8.65
60	高岭石	5.95	12.00	8.90	0.21	8.69
	La(OH)₃/ 高岭石	5.72	11.27	7.90	0.24	7.66

表 4-17 为不同填充份数的 $La(OH)_3$/高岭石复合物填充天然橡胶所制备复合材料加工性能参数，图 4-16 和图 4-17 分别为复合材料焦烧时间、硫化时间、最大扭矩和最小扭矩的变化规律。与纯天然橡胶相比，$La(OH)_3$/高岭石复合物的加入使得复合材料的最大扭矩和最小扭矩有不同幅度的增加。当 $La(OH)_3$/高岭石复合物填充至 50 份时，复合材料的最大扭矩和最小扭矩最大，分别为 8.90dN·m 和 0.25dN·m；当 $La(OH)_3$/高岭石复合物用量为 10 份和 60 份时，硫化时间较低，分别为 10.97min 和 11.27min，此时所对应的焦烧时间分别为 6.60min 和 5.72min。这说明 $La(OH)_3$/高岭石复合物的加入可以改善天然橡胶的加工性能，提高复合材料的硫化效率；但 $La(OH)_3$/高岭石复合物的加入缩短了复合材料的焦烧时间，不利于复合材料在加工过程中的安全性。而与高岭石/天然橡胶复合材料相比，

La(OH)$_3$/高岭石/天然橡胶复合材料的焦烧时间、硫化时间、最大扭矩以及最小扭矩均出现了不规律的变化，这可能是因为高

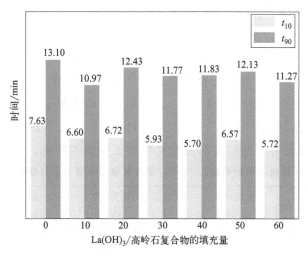

图 4-16　不同填充份数的 La(OH)$_3$/高岭石复合物
填充天然橡胶的焦烧时间 t_{10} 和硫化时间 t_{90}

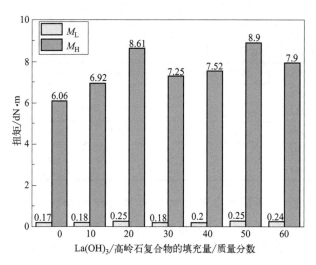

图 4-17　不同填充份数的 La(OH)$_3$/高岭石复合物填充
天然橡胶的最大扭矩 M_H 和最小扭矩 M_L

岭石表面负载的 $La(OH)_3$ 分散不均匀，团聚严重。

4.4.3 高岭石粒度的影响

  高岭石的粒径对于复合材料性能的影响较大，因此本小节主要研究高岭石粒径对复合材料性能的影响。综合上述结果考虑，以 $La(OH)_3$/高岭石＝1‰，$La(OH)_3$/高岭石复合物的填充份数为 30 为基础条件，制备系列 $La(OH)_3$/高岭石/天然橡胶复合材料，探究高岭石的粒度对复合材料加工性能的影响。

表 4-18　不同粒度高岭石的 $La(OH)_3$/高岭石复合物填充天然橡胶的加工性能

高岭石粒度/μm		焦烧时间/min	硫化时间/min	最大扭矩/dN·m	最小扭矩/dN·m	扭矩差/dN·m
纯天然橡胶		7.63	13.10	6.06	0.17	5.89
2.6	高岭石	6.76	11.97	7.09	0.18	6.91
	$La(OH)_3$/高岭石	7.67	12.86	7.26	0.22	7.04
1.9	高岭石	6.33	12.00	7.30	0.23	7.07
	$La(OH)_3$/高岭石	7.03	11.93	7.43	0.23	7.20
1.1	高岭石	6.17	12.07	8.25	0.20	8.05
	$La(OH)_3$/高岭石	5.93	11.77	7.25	0.18	7.07
0.7	高岭石	7.05	12.90	8.10	0.17	7.93
	$La(OH)_3$/高岭石	6.02	14.05	7.73	0.27	7.46

  表 4-18 为不同粒度的高岭石对复合材料加工性能的影响参数，图 4-18 和图 4-19 分别表示了高岭石的粒度对复合材料焦烧及硫化时间和扭矩的影响。由图表中可以看出，与纯天然橡胶相比，随着高岭石粒径的减小，复合材料的焦烧时间逐渐减小，硫化时间先减小后增加，当高岭石的粒径为 $0.7\mu m$ 时达到最大值，

为 14.05min，这主要是因为随高岭石粒度的减小，颗粒的比表面积增加，填料与基体的接触面积增大，阻碍了大分子链的运动。最小扭矩基本保持不变，而最大扭矩在高岭石粒度为 0.7μm 时出现最大值，为 7.73dN/m，这主要是因为高岭石粒度最小时比表面能最大，加快了硫化胶的交联速度，使得橡胶链与高岭石片层之间的结合作用力增加，从而增大了最小扭矩。

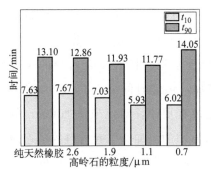

图 4-18 不同粒度高岭石的 La(OH)$_3$/高岭石复合物填充天然橡胶的焦烧时间 t_{10} 和硫化时间 t_{90}

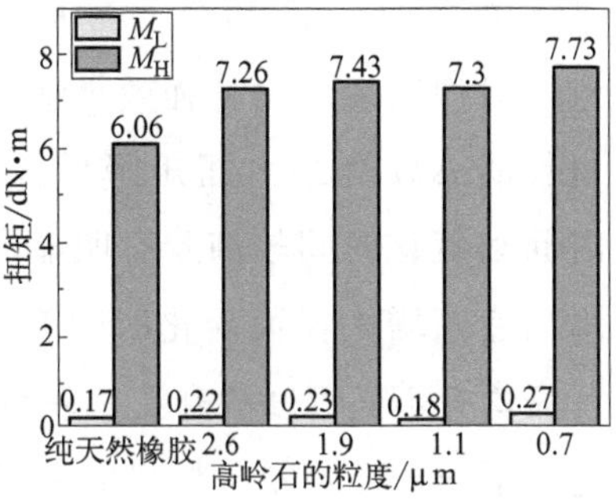

图 4-19 不同粒度高岭石的 La(OH)$_3$/高岭石复合物填充天然橡胶的最大扭矩 M_H 和最小扭矩 M_L

4.5 氧化铈/高岭石填充橡胶复合材料加工性能研究

4.5.1 氧化铈负载量对丁苯橡胶复合材料加工性能的影响

本部分采用乳液共混法制备了 CeO$_2$/高岭石/丁苯橡胶（SBR），测试了填料的填充份数为 50 时 CeO$_2$ 负载量以及 CeO$_2$/高岭石填充份数的变化对橡胶复合材料的加工性能和力学性能的影响。高岭石粒径 d_{50} 为 $1\mu m$，实验处理条件和混炼胶成分保持一致。

不同 CeO_2 负载量填充丁苯橡胶的加工性能指标如表 4-19 所示，橡胶复合材料的最大扭矩和最小扭矩与纯丁苯橡胶相比明显增加。同时，当 CeO_2 含量从 0％增加到 4％时，最大扭矩和最小扭矩呈现增加趋势，CeO_2 含量为 4％时 ΔM 和最大扭矩达到最大值 $5.9N \cdot m$ 和 $7.10N \cdot m$，这可能是 CeO_2/高岭石填料的刚性对橡胶表现出补强效果造成的；当 CeO_2 的含量超过 4％时，材料的 ΔM 和最大扭矩降低并趋于平稳。橡胶复合材料的焦烧时间和硫化时间较纯胶有明显增加，焦烧时间随着 CeO_2 含量的增高逐渐增大，而硫化时间变化没有规律，对比未添加 CeO_2 的样品均有不同程度的升高，表明 CeO_2 的添加会引起材料的延迟硫化，不利于橡胶复合材料的加工效率，但焦烧时间的升高也会对材料的加工安全性能有所提高，这可能跟硫化过程中 CeO_2/高岭石与橡胶助剂之间存在吸附作用，进而影响橡胶的固化过程有关。

表 4-19　氧化铈负载量对丁苯橡胶加工性能的影响

CeO_2 负载量 /％	最大扭矩 /N·m	最小扭矩 /N·m	扭矩差 /N·m	焦烧时间 /min	硫化时间 /min
纯 SBR	3.30	0.40	2.90	3.40	14.52
0	6.70	0.90	5.80	3.54	17.39
1	6.40	1.00	5.40	5.07	19.26
2	6.70	1.10	5.60	5.46	21.49
3	6.40	1.10	5.30	5.39	21.36
4	7.10	1.20	5.90	5.49	19.07
5	5.90	1.00	4.90	6.05	19.43
6	6.00	1.30	4.70	6.07	19.18
7	5.90	1.20	4.70	6.46	19.19
8	6.00	1.40	4.60	6.37	20.33

4.5.2 CeO_2/高岭石填充份数对丁苯橡胶复合材料加工性能的影响

CeO_2/高岭石填充份数对丁苯橡胶加工性能的影响如表 4-20 所示。随着 CeO_2/高岭石填充份数的增加，橡胶复合材料的硫化时间和焦烧时间有不同程度的升高，说明 CeO_2 对硫化具有一定的延迟效应，而焦烧时间的升高，反映出橡胶复合材料加工安全性能增强。与纯丁苯橡胶相比，添加 CeO_2/高岭石后橡胶复合材料最小扭矩变化规律性不大，而最大扭矩和 ΔM 先增大后降低，说明在低填充份数时 CeO_2/高岭石对硫化性能有促进作用，而高填充份数时填料在橡胶基质中团聚，导致硫化性能下降。而最大扭矩、最小扭矩相比于高岭石样品而言，添加 CeO_2/高岭石可以在低填充份数（40 份）时达到最大值 13.30N·m 和 2.30N·m，说明 CeO_2 的负载，有效分散了高岭石在橡胶中状态，加强了橡胶与高岭石颗粒的结合能力，提高了橡胶的交联密度。

表 4-20 CeO_2/高岭石填充份数对丁苯橡胶加工性能的影响

CeO_2/高岭石填充份数	最大扭矩/N·m	最小扭矩/N·m	扭矩差/N·m	焦烧时间/min	硫化时间/min
纯 SBR	3.30	0.40	2.90	3.46	14.52
10	4.30	0.60	3.70	2.58	15.09
20	5.90	0.90	5.00	2.54	15.06
30	8.20	1.30	6.90	5.28	17.58
40	13.30	2.30	11.10	5.16	17.56
50	8.10	1.20	6.90	5.39	18.07
60	9.00	1.50	7.50	5.37	18.22
70	8.80	2.40	6.40	5.44	20.07
80	9.30	2.60	8.70	6.06	20.13

4.6　苯甲酸铈/高岭石填充橡胶复合材料加工性能研究

4.6.1　苯甲酸铈负载量对丁苯橡胶复合材料性能的影响

使用苯甲酸铈/高岭石作为 SBR 的填充材料，考察了同一填充份数（50 份）下苯甲酸铈负载量的变化对橡胶复合材料加工性能和力学性能的影响；另外，也测试了苯甲酸铈/高岭石的用量对材料的影响。高岭石粒径 d_{50} 为 $1\mu m$，实验处理条件和混炼胶成分保持一致。

苯甲酸铈（Ce-ba）负载量对丁苯橡胶加工性能的影响如表 4-21 所示。橡胶复合材料的焦烧时间和硫化时间变化明显，且 Ce-ba 负载量的变化对混炼胶的硫化效率影响显著，硫化时间在负载量为 8% 时最小，为 15.08min，这可能是硫化期间氧化锌、硬脂酸和促进剂生成 X-S-Zn-S-X 产物，而亲核 Zn-S 和 Ce-ba 生成不稳定的成键稀土络合物。说明高岭石表面 Ce-ba 的存在，可以促进橡胶复合材料的硫化效率，但含量过高会影响橡胶生产的安全性。因此，需要合理控制 Ce-ba 的负载量，既要保证焦烧工艺的安全性，又要提高生产效率。最大扭矩呈现出先上升后下降的趋势，在含量为 5% 出现最大值，同时，ΔM 也达到最大值，说明 Ce-ba 含量为 5% 时，橡胶复合材料硫化性能最佳，而 Ce-ba 过量添加交联程度反而下降，最小扭矩变化没有明显规律，这可能是随着 Ce-ba 含量的增高，在高岭石表面出现局部团聚造成的。

高岭石表面修饰及其在橡胶中的应用

表 4-21　Ce-ba 负载量对丁苯橡胶加工性能的影响

Ce-ba /%	最大扭矩 /N·m	最小扭矩 /N·m	扭矩差 /N·m	焦烧时间 /min	硫化时间 /min
纯 SBR	3.30	0.40	2.90	3.46	14.57
0	6.70	0.90	5.80	3.54	17.31
1	7.20	0.80	6.40	3.48	17.48
2	7.30	1.60	5.70	3.22	17.43
3	7.70	1.70	6.00	3.21	16.30
4	7.50	1.30	6.20	3.11	15.39
5	8.80	1.70	7.10	2.56	15.22
6	7.20	1.50	5.70	2.33	15.14
7	6.80	1.30	5.50	2.48	15.42
8	6.40	1.40	5.00	2.56	15.08

4.6.2　苯甲酸铈/高岭石填充份数对丁苯橡胶复合材料加工性能的影响

Ce-ba/高岭石份数对丁苯橡胶加工性能的影响如表 4-22 所示。与纯丁苯橡胶相比，随着 Ce-ba/高岭石的加入橡胶复合材料的最大扭矩和最小扭矩持续增大，硫化效果越来越好，当 Ce-ba/高岭石增加至 80 份时，橡胶复合材料的最大扭矩和最小扭矩达到最大，分别为 12.30N·m 和 2.50N·m，硫化时间和焦烧时间总体变化不大。未负载 Ce-ba 的胶料，在填充量大于 60 份时最大扭矩出现了下降趋势，而负载 Ce-ba 的样品，最大扭矩呈现出持续增大趋势，在高填充份数时，仍能表现出较好的性能，说明高岭石表面 Ce-ba 的存在，可以改变高岭石的表面性质，促进高岭石在橡胶基质中的分散，改善橡胶的加工性能，高填充份数时具有高的交联密度；高岭石负载 Ce-ba 以后，焦烧时间和硫化时间均低于空白实验组，特别在填充量为 60 份时硫化效率提升最大，硫化时间缩短了 12%，降低了耗能，提高了橡胶制品的产能。

表 4-22　Ce-ba/高岭石填充份数对丁苯橡胶加工性能的影响

Ce-ba /高岭石 填充份数	最大扭矩 /N·m	最小扭矩 /N·m	扭矩差 /N·m	焦烧时间 /min	硫化时间 /min
纯 SBR	3.30	0.40	2.90	3.46	14.57
10	6.50	1.00	4.50	3.31	14.16
20	6.70	1.10	5.60	3.54	15.13
30	7.60	1.30	6.30	3.43	14.37
40	8.80	1.70	7.10	3.49	15.44
50	8.80	1.80	7.00	2.56	15.22
60	9.30	1.80	7.50	3.19	15.36
70	10.60	2.10	8.50	3.14	16.00
80	12.30	2.50	9.80	3.12	16.46

第 5 章

高岭石/橡胶复合材料的力学性能研究

由于橡胶材料本身的强度较低，无法满足各种橡胶制品的实际使用要求，增强填料的设计成为提高橡胶材料制品使用性能的必要、有效和廉价手段。橡胶复合材料的动态力学性能是橡胶材料在承受动态交变载荷条件下的响应。在实际应用过程中，绝大部分橡胶材料都是在周期性或非周期性的动态载荷条件下使用的。因此，橡胶复合材料的动态力学性能可以真实反映橡胶制品的实际使用性能和疲劳寿命。在轮胎橡胶行业，滚动阻力、抗湿滑性和耐磨性能是轮胎使用性能中最突出的性能，而轮胎橡胶材料的动态力学性能与这三种性能紧密相关。增强功能填料作为橡塑工业中的主要原料之一，能够大幅度地提高橡胶材料的基础静态力学性能；同时，通过调节高分子与填料的微观相容性，可以优化复合材料的滚动阻力和抗湿滑等动态力学性能。高岭石作为无机黏土矿物，其资源丰富，价格低廉，生产和制造能耗低，而且其颜色较浅，可以广泛应用于浅色聚合物制品。将经过加工处理的高岭石样品作为橡胶填料，采用乳液共混法制备了系列高岭石/橡胶复合材料。本章系统研究了改性高岭石和高岭石负载稀土化合物对橡胶材料静态力学性能和动态力学性能的影响规律。

5.1 测试方法与原理

5.1.1 实验仪器与测试方法

采用邵尔 A 型橡胶硬度计按 HG/T 2368—2011 标准测试复合材料的硬度，利用电子万能试验机测试其力学性能，拉伸性能依据 GB/T 528—2009 标准进行测试，哑铃状试样测试尺寸为 2mm×4mm×20mm，测试速度 500mm/min，测试温度（23±2）℃；撕裂性能依据标准 GB/T 529—2008《硫化橡胶或热塑性橡胶撕裂强度的测定（裤形、直角形和新月形试样）》进行测试，直角形测试尺寸为 2mm×19mm×100mm，测试速度 500mm/min，测试温度（23±2）℃。

（1）橡胶复合材料的静态力学性能测试方法

硫化胶胶片的拉力试验采用 6.00mm 裁刀制哑铃片。拉伸速率为 500mm/min，测试温度为常温；撕裂实验采用 1mm 裁刀制裤形片，拉伸速率为 100mm/min。

① 拉伸强度（σ）：为测试样品被拉断时的极限强度，单位为 MPa。

$$\sigma = P/bh \times 9.8$$

式中　P——测试样品被拉断时所受的拉力；

　　　b——测试样品的宽度，mm；

　　　h——测试样品的厚度，mm。

② 撕裂强度：测试样品在一定的拉伸速率下割口部位被撕开直至断裂所承受的拉力。

$$\sigma_S = 2P/h \times 9.8$$

式中，P 为按 ISO 6133 规定计算的中值。

③ 断裂伸长率（ε）：为测试样品断裂时伸长部分与原始长度之比。

$$\varepsilon = (L_1 - L_0)/L_0 \times 100\%$$

式中　L_1——实验前测试样品工作区的标距，mm；

　　　L_0——测试样品断裂时的间距，mm。

④ 扯断永久变形：为试样不可恢复的长度与原长之比

$$Hd = (L_2 - L_0)/L_0 \times 100\%$$

式中　L_2——测试样品扯断后停放 3min 对起来的间距，mm；

　　　L_0——试样断裂时的间距，mm。

（2）橡胶复合材料的动态力学性能测试方法

动态力学分析仪（DMA）：在一定升温速率下，施加变化的振荡力，测定其储能模量、损耗模量和损耗因子随温度、时间与力的频率的函数关系。

温控范围：$-170 \sim 600℃$；　　　升温速率：$0.01 \sim 20℃/min$；

频率范围：$0.01 \sim 100Hz$；　　　可控应变范围：$\pm 240\mu m$

模量范围：$0.001 \sim 106MPa$；　　阻尼范围：$0.005 \sim 100$

DMA 测试条件：测试温度范围 $-60 \sim 80℃$；升温速率 $3℃/min$；测试模式为拉伸模式；测试频率 $10Hz$；静态应变振幅为 5%，动态应变振幅为 0.25%。

橡胶加工分析仪（RPA）：检测橡胶高分子材料在生产过程中的动态模量和损耗因子随振幅的变化情况。

模腔：密闭式双锥型模腔，试样体积 $4.5cm^3$

温控范围：室温 $\sim 230℃$；　　　升温速率：$30 \sim 190℃ < 6℃/min$

振荡范围：$\pm 0.14\% \sim \pm 1256\%$；振荡频率：$0.02 \sim 33Hz$；

扭矩范围：$0.001 \sim 225dN \cdot m$

PRA 测试条件：实验温度 $60℃$；实验频率：$1.0Hz$；应变振幅 $0.26\% \sim 400\%$；测试模式为剪切模式。

5.1.2　生热率计算

橡胶复合材料的滞后生热是由于黏性阻力的存在，在动态应变下的橡胶产生的是黏弹性变形，弹性变形在动态中可以恢复，但由于黏性阻力的存在，使应变在相位上落后于应力，但黏性变形不可恢复。

$$\gamma = \gamma_0 \sin\omega t \tag{5-1}$$

$$\delta = \delta_0 \sin(\omega t + \delta) \tag{5-2}$$

式中 t ——时间；

γ_0 ——应变的最大振幅；

δ ——应力与应变的相位差；

δ_0 ——应力的最大振幅。

式（5-2）可展开为：

$$\delta = \delta_0 \sin\omega t \cos\delta + \delta_0 \cos\omega t \sin\delta \tag{5-3}$$

由式（5-3）可知，应变相变的相位差 90°的分量与应变相位的分量组成了应力，所以式（5-3）可变换为：

$$\delta = \gamma_0 G'' \sin\omega t + \gamma_0 G' \cos\omega t \tag{5-4}$$

$$G' = (\delta_0/\gamma_0)\cos\delta \tag{5-5}$$

$$G'' = (\delta_0/\gamma_0)\sin\delta \tag{5-6}$$

式中，G' 为储能模量（弹性模量），G'' 为损耗模量（黏性模量）。

在周期性运转下，弹性变形可以恢复，而不可恢复的黏性变形被完全吸收，全部转化为热量，成为橡胶生热的主要来源。根据滞后生热损失模型，得到每个周期损耗的机械能为：

$$W = \int_0^{\frac{2\pi}{\omega}} \delta \frac{\mathrm{d}\varepsilon}{\mathrm{d}t}\mathrm{d}t \tag{5-7}$$

将式（5-2）代入式（5-7）可得：

$$W = \pi\varepsilon_0^2 G'' = \pi E_1 \varepsilon_0^2 \frac{G''}{G'} = 2\pi\left(\frac{1}{2}G'\varepsilon_0^2\right)\tan\delta = \pi\varepsilon_0^2 G'\tan\delta \tag{5-8}$$

$$Q = \frac{W}{t} = Wf = \pi f G'\varepsilon_0^2 \tan\delta \tag{5-9}$$

式中，f 为频率。

5.2 乳液共混法高岭石/橡胶复合材料的力学性能研究

5.2.1 絮凝剂种类对复合材料力学性能的影响

图 5-1 为不同絮凝剂絮凝制备的高岭石/ESBR 复合材料的拉伸强度和弹性模量。从图中可以看出，复合材料的 100%弹性模量相差不大，而 300%弹性模量和拉伸强度具有一定的差异。$Mg(NO_3)_2$ 絮凝制备的复合材料的力学性能相对较差，其 300%弹性模量和拉伸强度分别为 2.54MPa 和 8.44MPa；$Al_2(SO_4)_3$ 和 $KAl(SO_4)_2$ 絮凝制备的复合材料的力学性能相对较好，其中 $KAl(SO_4)_2$ 絮凝制备的复合材料的 300%弹性模量和拉伸强度达到 3.31MPa 和 10.39MPa。以上结果与材料的加工性能和交联密度具有很好的一致性，说明 $Al_2(SO_4)_3$ 和 $KAl(SO_4)_2$ 两种絮

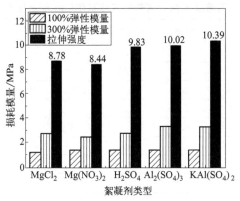

图 5-1　不同絮凝剂絮凝制备的高岭石/ESBR 复合
材料的拉伸强度和弹性模量

凝剂制备的橡胶复合材料中分子的交联程度较高，同时高岭石与橡胶分子链的界面相互作用较强。

5.2.2 絮凝剂浓度对复合材料力学性能的影响

选取 $Al_2(SO_4)_3$ 和 $KAl(SO_4)_2$ 两种絮凝剂，考察了絮凝剂浓度对高岭石/ESBR 复合材料力学性能的影响。表 5-1 为絮凝剂在不同浓度下制备的复合材料的力学性能。从表中可以看出，对于不同类型的絮凝剂，复合材料的力学性能随絮凝剂浓度变化的趋势具有一定的差异。随着 $Al_2(SO_4)_3$ 浓度的提高，复合材料的 100% 和 300% 定伸应力没有显著的差异，但是拉伸强度呈先增大后减小的趋势，当 $Al_2(SO_4)_3$ 浓度为 5% 时，复合材料的拉伸强度达到 11.05MPa；但是对于 $KAl(SO_4)_2$ 来说，随着浓度的提高，复合材料的力学性能呈逐渐增加的趋势，但是增加的趋势逐渐减缓，当浓度为 10% 时，复合材料的拉伸强度为 11.01MPa。以上结果说明当 $Al_2(SO_4)_3$ 浓度过高时，会影响高岭石填充复合材料的交联作用和力学性能。

表 5-1 不同浓度絮凝剂制备的高岭石/ESBR 复合材料力学性能

种类	絮凝剂浓度	拉伸强度/MPa	定伸应力/MPa		断裂伸长率/%	撕裂强度/(kN/m)
			100%	300%		
$MgCl_2$	0.5%	9.91	1.45	2.44	657.26	27.23
	2%	8.10	1.26	2.32	749.40	29.82
	5%	9.06	1.39	2.89	763.02	37.30
	8%	8.88	1.53	3.23	710.01	36.58
	10%	8.78	1.28	2.80	773.92	30.81
$Mg(NO_3)_2$	0.5%	10.57	1.20	2.37	502.38	23.62
	2%	8.55	1.48	2.82	671.68	33.94
	5%	8.44	1.45	2.54	687.97	30.89
	8%	7.62	1.09	2.13	843.51	29.70
	10%	7.35	1.22	2.46	764.28	28.38

种类	絮凝剂浓度	拉伸强度/MPa	定伸应力/MPa		断裂伸长率/%	撕裂强度/(kN/m)
			100%	300%		
H_2SO_4	0.5%	7.03	1.39	3.25	651.07	39.85
	2%	7.12	1.27	2.71	695.00	33.74
	5%	7.19	1.19	2.14	780.23	26.09
	8%	8.56	1.44	3.20	709.82	37.20
	10%	9.83	1.50	2.81	690.83	31.67
$Al_2(SO_4)_3$	0.5%	7.17	1.41	3.41	604.03	39.50
	2%	9.02	1.64	3.61	648.07	46.36
	5%	11.05	1.59	3.50	704.39	41.13
	8%	10.02	1.50	3.39	697.98	41.67
	10%	8.97	1.79	4.32	646.89	51.47
$KAl(SO_4)_2$	0.5%	7.49	1.44	3.56	547.23	36.91
	2%	7.96	1.56	3.40	615.71	40.39
	5%	9.62	1.55	3.45	610.12	42.45
	8%	10.39	1.51	3.31	654.14	38.80
	10%	11.01	1.52	3.61	626.19	44.01

5.2.3 滴加速度对复合材料力学性能的影响

表 5-2 为不同絮凝剂在不同滴加速度下对复合材料力学性能的影响。对于 $MgCl_2$、$Mg(NO_3)_2$ 和 H_2SO_4 三种絮凝剂，拉伸强度随着滴加速度的加快而增强，$Al_2(SO_4)_3$ 和 $KAl(SO_4)_2$ 制备的复合材料，拉伸强度随着滴加速度的增加呈现出不明显的规律，说明滴加速度对拉伸强度的影响较小。随着滴加速度增加，$KAl(SO_4)_2$ 制备的复合材料撕裂强度呈现不规律的变化，其余四种絮凝剂制备的复合材料的撕裂强度均呈现较明显的增强。

表 5-2　滴加速度对絮凝剂制备高岭石/丁苯橡胶复合材料的力学性能

絮凝剂种类	滴加速度/(mL/min)	拉伸强度/MPa	定伸应力/MPa		断裂伸长率/%	撕裂强度/(kN/m)
			100%	300%		
$MgCl_2$	3	5.85	1.26	2.66	619.01	31.29
	6	7.32	1.52	3.42	628.61	39.67
	9	9.21	1.31	3.54	716.81	43.31
	12	10.62	1.49	3.93	691.59	44.45
$Mg(NO_3)_2$	3	7.72	1.38	3.40	669.54	40.40
	6	7.90	1.29	2.96	721.05	45.46
	9	8.83	1.36	3.28	685.99	49.13
	12	9.89	1.26	3.50	774.21	61.73
H_2SO_4	3	9.86	1.47	4.05	673.72	45.24
	6	9.94	1.43	4.03	674.30	48.20
	9	10.19	1.47	4.06	681.33	51.01
	12	10.77	1.57	4.66	644.31	53.30
$Al_2(SO_4)_3$	3	11.05	1.59	3.50	704.39	33.56
	6	8.34	1.46	3.32	618.61	35.20
	9	10.15	1.57	3.79	635.84	43.08
	12	9.82	1.54	3.56	625.71	45.97
$KAl(SO_4)_2$	3	7.96	1.56	3.40	615.71	40.39
	6	10.97	1.76	4.36	628.14	36.89
	9	9.81	1.77	3.97	563.95	39.63
	12	9.68	1.58	3.49	624.97	41.58

$MgCl_2$、$Mg(NO_3)_2$ 为絮凝剂时，其在液相体系中的电解能力较强。当滴加速度过慢时，絮凝剂与胶体混合溶液接触时间过长，导致带有负电荷的高岭石表面吸附大量的 Mg^{2+}，不利于高岭石与橡胶的结合，导致力学性能较差。而 H_2SO_4 具有酸性，絮凝时在胶乳混合液中停留时间过长，其酸性会破坏胶束结构，所以滴加速度过慢时力学性能较差。$Al_2(SO_4)_3$ 和 $KAl(SO_4)_2$

与前三者相比电解能力相对较弱，絮凝条件更温和，可以使高岭石很好地与橡胶基体形成界面相互作用，所以滴加速度对力学性能的影响小于前三者。

5.2.4 改性剂类型对复合材料静态力学性能的影响

本实验高岭石用量为 50 份，高岭石的中位径 d_{50} 是 $1\mu m$ 左右，改性剂用量是高岭石干粉的 1%。

表 5-3 是五种不同表面改性剂（包括铝酸酯偶联剂、钛酸酯偶联剂 HY101、硅烷偶联剂 KH172 和 KH560 以及 Si69）处理的高岭石和未经过表面改性剂处理的高岭石填充到丁苯橡胶中复合材料的静态力学性能指标。其中未经过表面改性处理的高岭石，橡胶链段和高岭石表面结合力较弱，制备的复合材料力学性能最差，拉伸强度 5.72MPa，撕裂强度 28.04MPa。经过表面处理的高岭石，高岭石的表面能增加，和橡胶分子的作用力增强，制备的复合材料的力学性能均有增加。图 5-2 和图 5-3 为表面改性剂对填充丁苯橡胶复合材料力学性能的影响规律。从图中可以看出，Si69（双-[γ-（三乙氧基硅）丙基] 四硫化物）的改性效果最好，乙氧基可以有效地改善高岭石的界面，增强高岭石的表

表 5-3 不同表面改性改性高岭石填充的复合材料的静态力学性能

改性剂类型	硬度/HA	定伸应力/MPa			拉伸强度/MPa	撕裂强度/MPa	断裂伸长率/%
		100%	300%	500%			
未改性	43	1.08	2.04	3.10	5.72	28.04	781.65
铝酸酯	45	1.23	2.43	3.66	8.10	33.29	869.46
KH172	45	1.29	2.52	3.80	8.95	30.20	876.92
KH560	45	1.24	2.62	4.19	7.74	34.35	781.24
Si69	46	1.35	3.19	5.20	9.60	42.29	760.85
HY101	45	1.16	2.38	3.66	8.74	32.04	869.16

面能,从而使高岭石与橡胶分子的作用力增强;同时由于硫元素的存在,可以代替一部分硫黄,促进复合材料交联网络的形成。Si69 改性高岭石制备的复合材料拉伸强度达到了 9.60MPa,撕裂强度达到了 42.29MPa;硅烷偶联剂 KH560 改性效果最差,拉伸强度 7.74MPa,撕裂强度 34.29MPa。

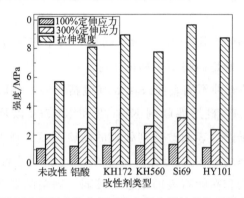

图 5-2   不同表面改性剂改性高岭石填充复合材料的拉伸强度和定伸应力

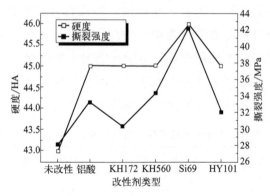

图 5-3   不同表面改性剂改性高岭石填充复合材料的硬度和撕裂强度

5.2.5   高岭石粒度对复合材料静态力学性能的影响

本实验高岭石的填充份数 50,使用 Si69 对高岭石进行表面改性处理，改性剂用量是高岭石干粉的 1%。

表 5-4 是不同粒度的高岭石填充丁苯橡胶制备的复合材料的静态力学性能。未经过球磨处理的高岭石中位径 d_{50} 是 $2.2\mu m$ 左右，填充的高岭石起到增容的作用居多，补强效果较小，复合材料的硬度、拉伸强度、撕裂强度和断裂伸长率都比较小。图 5-4、图 5-5 为高岭石粒度对填充丁苯复合材料力学性能的影响规律。随着填充高岭石粒度的降低，高岭石起到的补强作用增大，复合材料的硬度和拉伸强度逐渐增大；同时随着高岭石粒度的降低，高岭石径厚比增大，高岭石片层对于裂纹扩张起到了很好的抑制作用，从而使得复合材料的撕裂强度和断裂伸长率都增大。

表 5-4　不同粒度高岭石填充的复合材料的静态力学性能

粒度/μm	硬度/HA	定伸应力/MPa			拉伸强度/MPa	撕裂强度/MPa	断裂伸长率/%
		100%	300%	500%			
2.2	41	1.15	2.65	4.56	5.89	28.93	624.33
1.9	43	1.26	2.76	4.57	6.33	31.52	657.40
1.6	44	1.21	2.87	5.27	7.33	35.00	666.13
1.3	45	1.38	3.21	5.21	8.74	40.10	757.86
1.0	46	1.35	3.19	5.20	9.60	42.29	760.85
0.7	52	1.53	3.89	6.88	15.25	51.29	813.91

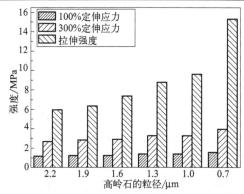

图 5-4　不同粒度高岭石填充的复合材料的拉伸强度和定伸应力

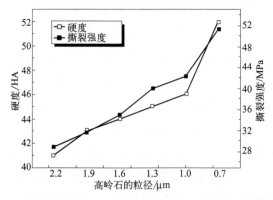

图 5-5　不同粒度高岭石填充的复合材料的硬度和撕裂强度

当高岭石的中位径降低到 $0.7\mu m$ 左右，达到微纳米级别时，高岭石的补强效果最为明显，拉伸强度达到了 15.25MPa，材料抵抗外界形变的能力增强，硬度增大到 52HA；当高岭石达到微纳米级别，高岭石片层剥离，对于材料在拉伸过程中裂纹的扩张起到很好的阻碍作用，使得复合材料的撕裂强度和断裂伸长率也有明显的提高。

5.2.6　高岭石填充份数对复合材料静态力学性能的影响

高岭石的中位径 d_{50} 是 $1\mu m$ 左右，使用 Si69 对高岭石进行表面改性处理，改性剂用量是高岭石干粉的 1%。

表 5-5 是不同填充份数的高岭石填充的复合材料的静态力学性能指标。没有高岭石填充的丁苯橡胶，抵抗变形和裂纹扩展的能力最弱，力学性能最差，硬度为 38HA，拉伸强度 2.72MPa，撕裂强度 14.79MPa。随着高岭石填充份数从 10 增加到 80，高岭石不但起到增容补强的作用，而且增强了复合材料抵抗外部形变的能力，硬度从 38HA 增加到了 55HA。图 5-6 和图 5-7 为高岭石填充份数对填充丁苯橡胶复合材料力学性能的影响规律。随

着高岭石份数的增加，高岭石片层与橡胶表面接触变多，形成了更多的结合橡胶；而且使得高岭石片层聚集体与橡胶单体形成吸留橡胶的概率变大，高岭石起到较大的补强作用，有效地增强橡胶的拉伸强度，使得复合材料的拉伸强度和定伸应力得到较大的提升，拉伸强度从 3.47MPa 增加到 14.13MPa。随着高岭石份数的增加，撕裂强度以及断裂伸长率均有较大的提升。当高岭石添加到 80 份时，复合材料的撕裂强度增加到 51.65MPa，这主要由于高岭石结构可以有效地阻止裂纹的扩展，随着填充份数的增加，裂纹的扩展路径变长，提升了复合材料的断裂伸长率和撕裂强度。

表 5-5 不同高岭石填充份数的复合材料的静态力学性能

份数	硬度/HA	定伸应力/MPa			拉伸强度/MPa	撕裂强度/MPa	断裂伸长率/%
		100%	300%	500%			
0	38	0.88	1.58	2.55	2.72	14.79	525.22
10	38	0.90	1.76	3.21	3.47	15.37	528.41
20	41	1.00	1.98	3.54	4.13	24.45	561.09
30	42	1.02	2.03	3.65	5.89	28.22	708.90
40	44	1.23	2.85	5.04	8.21	35.05	746.83
50	46	1.35	3.19	5.20	9.60	42.29	760.85
60	50	1.42	3.57	6.04	11.22	44.91	820.55
70	53	1.77	4.52	7.24	13.73	47.73	774.20
80	55	1.80	4.84	7.96	14.13	51.65	763.69

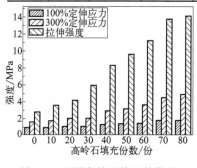

图 5-6 不同高岭石填充份数的
复合材料的拉伸强度和定伸应力

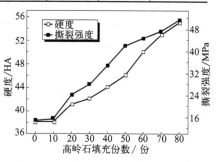

图 5-7 不同高岭石填充份数的
复合材料的硬度和撕裂强度

5.2.7 填料复配对复合材料静态力学性能的影响

表 5-6 是不同高岭石与炭黑比例填充丁苯橡胶复合材料的静态力学性能指标。纯高岭石填充丁苯橡胶制备的复合材料硬度为46，拉伸强度 9.60MPa，撕裂强度 42.29MPa。随着炭黑用量的增加，材料抵抗外界形变的能力增强，复合材料的硬度逐渐增大；复合材料的拉伸强度在 10MPa 上下浮动，撕裂强度在45MPa 上下浮动。图 5-8 和图 5-9 为高岭石和炭黑比例对填充丁苯橡胶复合材料力学性能的影响规律。从图中可以看出材料的拉伸强度和撕裂强度与二者的配合比例并没有明显的关联性；复合材料断裂伸长率逐渐降低。使用纯炭黑填充丁苯橡胶制备的复合材料硬度为 67HA，拉伸强度 14.27MPa，撕裂强度 51.92MPa。引起以上结果的原因可以归结为两个方面：

① 制备方法的影响：先采用乳液共混法制备出高岭石/丁苯橡胶复合材料，然后使用熔融共混法将炭黑添加到高岭石/丁苯橡胶复合材料中制备出炭黑/高岭石/丁苯橡胶复合材料。这种方法对于高岭石和炭黑在丁苯橡胶中的分散产生不好的影响。

② 材料硫化不充分所致：炭黑对于橡胶硫化有促进作用，当混炼胶在平板硫化机上进行硫化时，炭黑分子已经与橡胶链段硫化完成，而高岭石还没有与橡胶链段完成硫化，造成了复合材料网络化的不完整和不充分，影响了复合材料的力学性能。

表 5-6 不同的高岭石炭黑比例复配填充的复合材料的静态力学性能

高岭石与炭黑比例	硬度/HA	定伸应力/MPa			拉伸强度/MPa	撕裂强度/MPa	断裂伸长率/%
		100%	300%	500%			
5∶0	46	1.35	3.19	5.20	9.60	42.29	760.85
4∶1	52	1.77	6.21	9.87	10.84	42.97	528.21

高岭石与炭黑比例	硬度/HA	定伸应力/MPa			拉伸强度/MPa	撕裂强度/MPa	断裂伸长率/%
		100%	300%	500%			
3：2	54	1.86	5.92	9.10	9.18	52.24	510.10
2：3	58	2.80	8.59	—	11.13	44.54	410.84
1：4	63	3.47	9.24	—	12.29	51.03	436.67
0：5	67	5.06	11.13	—	14.27	51.92	401.31

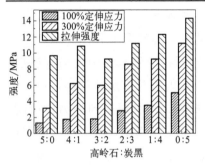

图 5-8　不同高岭石与炭黑比例
填充橡胶复合材料的拉
伸强度和定伸应力

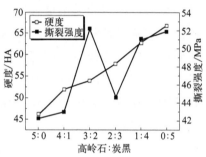

图 5-9　不同高岭石与炭黑比例
填充橡胶复合材料的硬度和
撕裂强度

5.3　熔融共混法高岭石/橡胶复合材料的力学性能研究

5.3.1　填料粒度的影响

　　表 5-7 为不同粒度高岭石样品填充复合材料的力学性能指标。从表中可以看出，高岭石填充 SBR 后，与纯胶相比，力学性能指标有了不同程度的改善。图 5-10 和图 5-11 为高岭石粒度

对填充橡胶复合材料力学性能的影响规律。填充橡胶复合材料的定伸应力、拉伸强度和撕裂强度随着高岭石粒度的减小不断增大，其中 K1 和 K2 样品填充后，复合材料的拉伸强度和撕裂强度增加的幅度较小，补强效果较差，只是起到了填充的作用；而 K3 和 K4 样品填充的复合材料的力学性能有了显著的提高，其中 K4 样品的补强效果最好，其填充 SBR 复合材料的拉伸强度达到了 16.33MPa，提高了 10.4 倍，撕裂强度达到 34kN/m，同时填充橡胶的断裂伸长率也有提高。橡胶材料的硬度、定伸应力反映的是填料对橡胶大分子的限制作用，这种限制作用越强，复合材料的硬度和定伸应力越高。高岭石在橡胶基体中均匀分散后，其本身具有一定的强度，而且由于高岭石具有层状结构，在加工过程中会在橡胶基体中定向分布排列。当材料受到外力作用时，高岭石片层对橡胶大分子具有一定的限制作用，阻碍了橡胶裂纹的扩展。同时，随着高岭石粒度的减小，其与橡胶的接触面积增大，填料-聚合物的相互作用也随之增强，因此，当高岭石的粒度较大时，其与橡胶的接触面积较小，只是起到填充的作用，补强效果并不明显，但是，随着高岭石粒度的降低，尤其是 $d_{(50)} \leqslant 1\mu m$ 时，其比表面积急剧增大，橡胶与高岭石的接触面积增大，高岭石片层对橡胶大分子的限制作用也随之增强，因此复合材料的力学性能有了显著的提高。

表 5-7　不同粒度高岭石样品填充 SBR 复合材料的力学性能指标

SBR 复合材料样品	硬度/HA	定伸应力/MPa		拉伸强度/MPa	撕裂强度/(kN/m)	断裂伸长率/%
		100%	300%			
纯 SBR	39	0.63	1.06	1.43	8.48	581
K1-SBR	53	1.13	2.13	2.87	13	448
K2-SBR	54	1.20	2.87	3.67	16	692
K3-SBR	50	1.25	3.41	13.42	23	754
K4-SBR	55	1.28	4.35	16.33	34	692

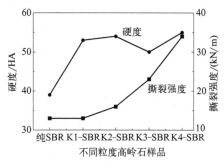

图 5-10　不同粒度高岭石样品填充
SBR 复合材料的硬度和撕裂强度

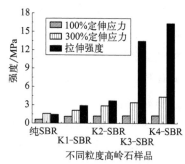

图 5-11　不同粒度高岭石样品填充
SBR 复合材料的拉伸强度和
定伸应力

5.3.2　填料表面性质的影响

表 5-8 为不同改性剂改性高岭石样品填充 SBR 复合材料的力学性能。从表中可以看出，在六种改性剂中，M6 改性剂的改性效果最好，其改性的高岭石填充到 SBR 中，复合材料的拉伸强度达到 16.33MPa，撕裂强度达到了 34kN/m。图 5-12 和图 5-13 为填料表面性质对填充 SBR 复合材料力学性能的影响规律。从图中可以看出，M2 改性剂的改性效果最差，其改性的高岭石填充复合材料的拉伸强度只有 9.39MPa；其他改性剂的改性效果比较相近，拉伸强度都在 12～13MPa 左右。这说明 M6 改性剂的无机活性基团与高岭石表面的活性点——羟基、硅氧键发生相互作用，使高岭石的有机化程度较高；同时改性后的高岭石表面也具有了活性的有机基团（氨基、环氧基、乙烯基等），可以与橡胶大分子发生物理键合或化学作用，使一部分橡胶附在高岭石表面，固定在高岭石的片层结构中，限制了橡胶大分子的自由运动，从而使复合材料具有较高的拉伸强度和定伸应力。而

M2 改性剂则缺少了与橡胶大分子相互作用的有机活性基团，因此其改性的高岭石对橡胶大分子的限制作用较弱，复合材料的力学性能较差。M1 改性剂为插层剂二甲基亚砜，其不但与高岭石相互作用，还增大了高岭石的层间空间，其含有的甲基也与 SBR 具有良好的相容性，因此复合材料也有着较好的力学性能指标。

表 5-8　不同改性剂改性高岭石样品填充 SBR 复合材料的力学性能

SBR 复合材料样品	硬度/HA	定伸应力/MPa		拉伸强度/MPa	撕裂强度/(kN/m)	断裂伸长率/%
		100%	300%			
纯 SBR	39	0.63	1.06	1.43	13	581
M1-SBR	45	1.02	2.88	12.3	29	730
M2-SBR	51	1.01	1.81	9.39	22	819
M3-SBR	52	1.04	2.38	13.01	28	840
M4-SBR	52	1.25	3.41	13.42	29	754
M5-SBR	52	0.99	1.64	12.31	21	754
M6-SBR	53	1.28	4.35	16.33	34	692

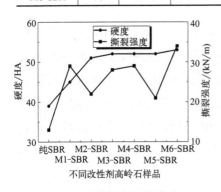

图 5-12　填料表面性质对
填充 SBR 复合材料硬度
和撕裂强度的影响

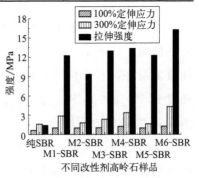

图 5-13　填料表面性质对填充
SBR 复合材料定伸应力和
拉伸强度的影响

5.3.3　填充份数的影响

表 5-9 为填充不同份数高岭石的 SBR 复合材料的力学性能

指标。从表中可以看出，随着高岭石填充份数的不断增加，SBR复合材料的硬度、定伸应力、拉伸强度和撕裂强度等指标都逐渐增大。图 5-14 和图 5-15 为填充份数对高岭石/SBR 复合材料力学性能的影响规律，填充橡胶复合材料的拉伸强度和撕裂强度都有显著的改善。当填充份数为 80 时，拉伸强度达到 19.62MPa，增大了 12.7 倍；撕裂强度达到 40.63kN/m，增大了 3.79 倍；300％定伸应力达到 6.73MPa，增大了 5.34 倍。复合材料断裂伸长率的变化规律不明显，但是填充高岭石达到 30 份以上后，复合材料的断裂伸长率都达到了 700％以上。高岭石填充到橡胶基体中以后，其独特的片层结构能够圈闭橡胶大分子，抑制其自由活动，随着高岭石填充份数的增大，基体中单位空间内的高岭石片层数目相对增多，对橡胶大分子链的限制作用增强，因此显著改善了复合材料的力学性能，而且 SBR 属于非自补强型橡胶，其力学性能的提升完全来自于补强剂的补强作用。因此，随着高岭石填充量的增加，SBR 复合材料的整体性能逐步提高。

表 5-9 填充不同份数高岭石的 SBR 复合材料的力学性能

SBR 复合材料样品	硬度/HA	定伸应力/MPa		拉伸强度/MPa	撕裂强度/(kN/m)	断裂伸长率/%
		100％	300％			
纯 SBR	39	0.63	1.06	1.43	8.48	581
MK-20-SBR	45	0.85	1.93	5.87	15.51	453
MK-30-SBR	49	1.01	2.73	10.46	15.82	733
MK-40-SBR	52	1.09	3.37	11.48	25.98	703
MK-50-SBR	55	1.27	4.07	16.33	31.57	757
MK-60-SBR	57	1.37	4.56	16.65	32.32	729
MK-70-SBR	59	1.58	5.47	19.32	36.61	761
MK-80-SBR	62	2.02	6.73	19.62	40.63	710

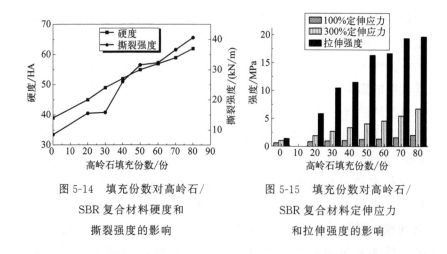

图 5-14　填充份数对高岭石/
SBR 复合材料硬度和
撕裂强度的影响

图 5-15　填充份数对高岭石/
SBR 复合材料定伸应力
和拉伸强度的影响

5.3.4　填料结构特征的影响

表 5-10 为不同结构类型填料填充 SBR 复合材料的力学性能指标。从表中可以看出,三种填料填充 SBR 复合材料后,复合材料的力学性能改善效果具有一定的差异。图 5-16 为不同结构类型填料填充 SBR 复合材料的硬度和撕裂强度变化规律。白炭黑填充 SBR 复合材料的硬度最高,硬度值为 82HA,炭黑填充 SBR 复合材料的硬度为 68HA,高岭石填充 SBR 复合材料的硬度为 55HA;在撕裂强度方面,炭黑填充的 SBR 复合材料最高,为 51.66kN/m,白炭黑为 46.25kN/m,高岭石填充的复合材料最低,为 31.57kN/m。拉伸强度和定伸应力:炭黑填充的复合材料明显比其他两种填料高,其中拉伸强度为 23.56MPa,300% 的定伸应力达到了 13.64MPa;白炭黑的分别为 20.18MPa 和 5.11MPa;高岭石的为 16.33MPa 和 4.07MPa。图 5-17 为不同结构类型填料填充 SBR 复合材料的定伸应力和拉伸强度变化规律,高岭石填充的复合材料的拉伸和定伸性能与白炭黑相对接

近，但是与炭黑的差距比较大。炭黑填充的 SBR 复合材料的断裂伸长率为 478%，而白炭黑和高岭石填充的复合材料分别达到了 796% 和 757%，性能比较接近，而且大大优于炭黑的效果。从上述结果来看，在补强方面，高岭石和白炭黑填充的 SBR 复合材料的总体力学性能相对接近，但在定伸应力和拉伸强度方面与炭黑的力学指标差距较大。但是高岭石填充的复合材料的断裂伸长率明显优于炭黑填充的复合材料。

上述三种复合材料的力学性能的差异一方面是由填料的颗粒粒度差异引起的，颗粒的粒度越小，其补强效果越好。炭黑和白炭黑属于球状纳米级填料，颗粒的粒度在 20nm 左右，属于零维纳米材料，而高岭石为微纳米级层片状填充材料，属于厚度方向的二维纳米级材料，因此炭黑和白炭黑的补强效果较好，而高岭石的补强效果相对较差。另一方面的原因是填料表面结构的差异，炭黑的颗粒表面具有非常发达的结构，布满了大大小小的空洞和尖锐的棱角，表面非常粗糙，与橡胶具有良好的相容性，具有强"吸留胶"的能力，能够很好地吸附和固定橡胶大分子，从而限制其自由运动，因此较大地提高了定伸应力和拉伸强度；而高岭石是依靠片层结构圈闭橡胶大分子从而抑制其自由运动，从而弥补了粒度较大的不足，有效提高了填充复合材料的力学性能。

表 5-10　不同结构类型填料填充 SBR 复合材料的力学性能指标

SBR复合材料样品	硬度/HA	定伸应力/MPa		拉伸强度/MPa	撕裂强度/(kN/m)	断裂伸长率/%
		100%	300%			
纯SBR	39	0.63	1.06	1.43	8.48	581
CB-SBR	68	2.81	13.64	23.56	51.66	478
PS-SBR	82	1.83	5.11	20.18	46.25	796
K-SBR	55	1.27	4.07	16.33	31.57	757

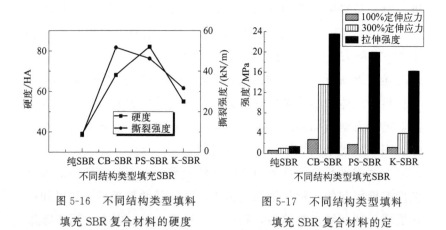

图 5-16　不同结构类型填料　　　　　　图 5-17　不同结构类型填料

填充 SBR 复合材料的硬度　　　　　　填充 SBR 复合材料的定

和撕裂强度　　　　　　　　　　　伸应力和拉伸强度（见彩插）

5.3.5　填料配合的影响

　　表 5-11 为高岭石和白炭黑配合填充 SBR 复合材料的力学性能指标。从表 5-11 中可以看出，高岭石和白炭黑（PS）配合后，随着高岭石比例的减小，白炭黑（PS）加入比例不断增加，填充复合材料的硬度不断增大；定伸应力、拉伸强度以及撕裂强度都是随着高岭石比例的降低而显著提高，当高岭石和白炭黑（PS）的比例为 1∶4 时，配合填料的填充效果最好，其拉伸强度达到了 27.36MPa，撕裂强度达到 57.08kN/m。同时还发现当高岭石和白炭黑的比例为 4∶1 时，配合填料的补强效果较差，拉伸强度只有 12.49MPa，但是在配合填料比例为 2∶3 和 1∶4 时，其补强效果比单独填料的要好。断裂伸长率则没有明显的变化规律。

　　图 5-18 和图 5-19 分别为高岭石和白炭黑配合填充 SBR 复合材料硬度、撕裂强度、定伸应力和拉伸强度的变化规律。高岭石

表 5-11　高岭石和白炭黑配合填充 SBR 复合材料的力学性能指标

SBR 复合 材料样品	硬度/HA	定伸应力/MPa		拉伸强度 /MPa	撕裂强度 /(kN/m)	断裂伸 长率/%
		100%	300%			
纯 SBR	39	0.63	1.06	1.43	8.48	581
K：PS=5：0	55	1.27	4.07	16.33	31.57	757
K：PS=4：1	58	1.22	3.73	12.49	35.74	844
K：PS=3：2	64	1.44	4.23	18.31	39.89	820
K：PS=2：3	70	1.35	4.29	22.01	43.42	813
K：PS=1：4	79	2.47	7.31	27.36	57.08	857
K：PS=0：5	82	1.83	5.11	20.18	46.25	796

和白炭黑（PS）配合后填充到 SBR 材料基体中，由于白炭黑（PS）是具有球状结构的刚性填料，因此随着白炭黑填量的增大，SBR 复合材料的硬度不断增加；同时白炭黑的颗粒粒度较小，其在 SBR 基体中形成的应力集中点也相对较少，可以明显提高复合材料的力学性能，高岭石是片层状的不规则颗粒，其表面与橡胶大分子作用可以抑制其自由运动，能够改善复合材料的拉伸性能。两种填料配合后，一方面由于滚珠效应，白炭黑（PS）可以提高高岭石在橡胶基体中的分散，另一方面白炭黑与高岭石发生物理或化学吸附，从而提高了复合材料的综合力学性能。

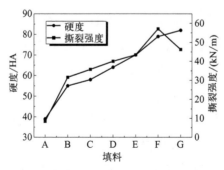

图 5-18　高岭石和白炭黑配合填充 SBR 复合材料的硬度和撕裂强度

A—纯 SBR；B—高岭石；C—K：PS=4：1；D—K：PS=3：2；

E—K：PS=2：3；F—K：PS=1：4；G—PS

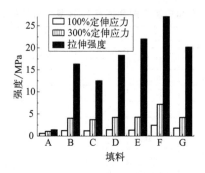

图 5-19　高岭石和白炭黑配合填充 SBR 复合材料的定伸应力和拉伸强度

A—纯 SBR；B—高岭石；C—K：PS=4：1；D—K：PS=3：2；

E—K：PS=2：3；F—K：PS=1：4；G—PS

5.4　氢氧化镧/高岭石填充天然橡胶复合材料的力学性能研究

5.4.1　氢氧化镧负载量的影响

采用乳液共混法制备了 La(OH)$_3$/高岭石/天然橡胶复合材料，考察了 La(OH)$_3$ 在高岭石表面的负载量对复合材料静态力学性能的影响。其中，高岭石的粒径为 1.1μm。La(OH)$_3$/高岭石复合物的用量为 50 份。

表 5-12 表示不同负载量的 La(OH)$_3$/高岭石复合物填充天然橡胶复合材料以及纯天然橡胶的静态力学性能数据。未填充 La(OH)$_3$/高岭石复合物的天然橡胶尽管拉伸强度和断裂伸长率较高，但是撕裂强度、硬度和定伸应力较小。图 5-20 和 5-21 分别为 La(OH)$_3$ 负载量对填充橡胶复合材料硬度、撕裂强度、定

表 5-12　不同负载量的 La(OH)$_3$/高岭石复合物填充

表 5-12　不同负载量的 La(OH)$_3$/高岭石复合物填充天然橡胶的静态力学性能

[La(OH)$_3$/高岭石负载量]/%	拉伸强度/MPa	撕裂强度/(kN/m)	定伸应力/MPa			硬度/HA	断裂伸长率/%
			100%	300%	500%		
纯 NR	16.00	37.25	0.23	1.09	1.84	34	1050.23
0	12.36	47.48	0.47	2.22	4.10	47	863.89
0.5	13.15	49.91	0.53	2.24	4.11	49	918.36
1	16.69	51.66	0.49	2.18	4.26	49	936.28
2	15.19	56.38	0.47	1.98	3.82	47	978.12
3	14.86	51.95	0.44	1.96	3.65	46	973.39
4	13.90	50.08	0.50	2.03	3.85	48	943.42

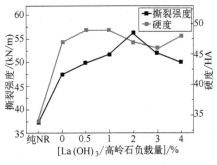

图 5-20　不同负载量的 La(OH)$_3$/
高岭石复合物填充天然橡胶的
硬度和撕裂强度

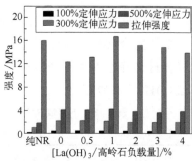

图 5-21　不同负载量的 La(OH)$_3$/
高岭石复合物填充天然橡胶的
定伸应力和拉伸强度（见彩插）

伸应力和拉伸强度的影响规律。La(OH)$_3$/高岭石复合物加入后，复合材料的撕裂强度、硬度和定伸应力均有很大程度的提升，复合材料的硬度由 34 增加至 49，最大拉伸强度和撕裂强度分别为 16.69MPa 和 56.38kN/m，500% 定伸应力由 1.84MPa 提升至 4.26MPa。与纯天然橡胶相比，拉伸强度提高不大，撕裂强度提高了 51.36%。而与只添加高岭石（La(OH)$_3$/高岭石＝0）的复合材料相比，拉伸强度由 12.36MPa 提高至

16.69MPa，撕裂强度由 47.48kN/m 提高至 56.38kN/m。这可能是因为稀土元素拥有大量的 4f 电子层结构和空轨道，能够与天然橡胶大分子链上的双键发生络合作用，增强填料与天然橡胶分子链的作用力，从而提高复合材料的力学性能。随着 La(OH)$_3$ 在高岭石表面负载量的增加（La(OH)$_3$/高岭石值的增加），复合材料的拉伸强度、撕裂强度和硬度先增大后减小，这可能是因为 La(OH)$_3$ 在高岭石表面的负载量增大后，在高岭石表面容易团聚，分散不均匀。

5.4.2 氢氧化镧/高岭石填充份数的影响

将不同量的 La(OH)$_3$/高岭石复合物填充到天然橡胶中制备了系列复合材料，探究了 La(OH)$_3$/高岭石复合物的填充份数对复合材料静态力学性能的影响。其中，高岭石的粒径为 1.1μm，La(OH)$_3$/高岭石＝1%。

表 5-13　不同填充份数的 La(OH)$_3$/高岭石复合物填充
天然橡胶的静态力学性能

La(OH)$_3$/高岭石填充份数		拉伸强度/MPa	撕裂强度/(kN/m)	定伸应力/MPa			硬度/HA	断裂伸长率/%
				100%	300%	500%		
0	纯天然橡胶	16.00	37.25	0.23	1.09	1.84	34	1050.23
10	高岭石	16.51	46.18	0.19	1.38	2.47	41	1092.60
	La(OH)$_3$/高岭石	15.59	46.10	0.18	1.32	2.33	41	1110.40
20	高岭石	15.26	47.52	0.27	1.55	2.79	42	1044.38
	La(OH)$_3$/高岭石	16.79	49.70	0.39	1.97	3.88	43	992.83
30	高岭石	14.69	49.76	0.45	1.92	3.86	43	927.77
	La(OH)$_3$/高岭石	16.25	57.35	0.35	1.81	3.60	43	1006.31
40	高岭石	15.24	52.06	0.35	1.58	3.19	44	973.10
	La(OH)$_3$/高岭石	16.95	54.98	0.38	2.04	4.00	46	1039.19

La(OH)$_3$/高岭石填充份数		拉伸强度/MPa	撕裂强度/(kN/m)	定伸应力/MPa			硬度/HA	断裂伸长率/%
				100%	300%	500%		
50	高岭石	12.36	47.48	0.47	2.22	4.10	47	863.89
	La(OH)$_3$/高岭石	16.69	51.66	0.49	2.18	4.26	48	936.28
60	高岭石	12.06	50.77	0.48	2.50	5.05	50	849.19
	La(OH)$_3$/高岭石	14.32	52.75	0.42	2.15	4.08	50	932.97

表 5-13 为不同填充份数的 La(OH)$_3$/高岭石复合物填充天然橡胶复合材料以及纯天然橡胶的静态力学性能数据，图 5-22 和 5-23 分别为 La(OH)$_3$/高岭石复合物用量对复合材料硬度、撕裂强度、定伸应力以及拉伸强度的影响规律。由图表中的数据可以看出，随着 La(OH)$_3$/高岭石复合物用量的增加，复合材料的硬度由 34HA 增加至 50HA，说明 La(OH)$_3$/高岭石复合物的加入增强了复合材料抵抗外部变形的能力。同时，断裂伸长率、拉伸强度和撕裂强度均出现先增大后减小的趋势，这主要是 La(OH)$_3$/高岭石复合物填充量增大以后，其在橡胶基体中分散不均匀造成的。当填充份数分别为 40 份和 30 份时，复合材料的最大拉伸强度和撕裂强度分别为 16.95MPa 和 57.35kN/m，与

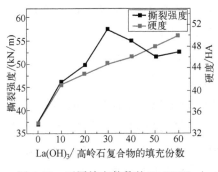

图 5-22 不同填充份数的 La(OH)$_3$/
高岭石复合物填充天然橡胶的
硬度和撕裂强度

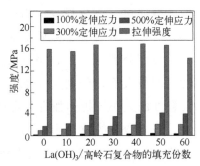

图 5-23 不同填充份数的 La(OH)$_3$/
高岭石复合物填充天然橡胶的
定伸应力和拉伸强度（见彩插）

纯天然橡胶相比，拉伸强度提高不大，撕裂强度提高了53.96%，而与只添加高岭石[La(OH)$_3$/高岭石＝0]的复合材料相比，拉伸强度由15.24MPa提高至16.95MPa，撕裂强度由49.76kN/m提高至57.35kN/m。

5.4.3 高岭石粒度的影响

高岭石的粒度不同对复合材料的补强效果也不同，采用机械磨剥法对高岭石浆液进行磨剥，将不同粒度的高岭石表面负载La(OH)$_3$，通过乳液共混法制备了系列La(OH)$_3$/高岭石/天然橡胶复合材料，考察了高岭石粒径对复合材料静态力学性能的影响。其中La(OH)$_3$/高岭石＝1%，La(OH)$_3$/高岭石复合物用量为30份。

表5-14表示不同粒度高岭石的La(OH)$_3$/高岭石复合物填充天然橡胶复合材料以及纯天然橡胶的静态力学性能数据，图5-24和图5-25分别为高岭石粒度对复合材料硬度、撕裂强度、定伸应力以及拉伸强度的影响规律。从表中可以看出，复合材料的断裂伸长率随着高岭石粒度的减小而增大，这主要是因为高岭石粒径减小，其阻碍胶料裂纹扩张能力增强，使得复合材料的断裂伸长率有所提高。由图中可以看出随着高岭石粒度的减小，复合材料的硬度和撕裂强度呈现出增大的趋势，其中当高岭石的粒度分别为0.7μm和1.1μm时，复合材料的硬度和撕裂强度达到最大值，分别为47HA和57.35kN/m。同时，随着高岭石粒度的减小，拉伸强度和定伸应力呈现出整体增大的趋势，其中，当高岭石的粒径为0.7μm时，复合材料的拉伸强度达到最大值，为20.04MPa，这主要是因为当高岭石粒径较大时，高岭石主要起到的是增容作用，并不能起到补强效果，而当高岭石粒径较小时，高岭石的比表面积增大，填料与橡胶基体的相互作用增强，从而起到了良好的补强效果。

表 5-14　不同粒度高岭石的 La(OH)$_3$/高岭石复合物填充

天然橡胶的静态力学性能

高岭石粒度 /μm		拉伸强度 /MPa	撕裂强度 /(kN/m)	定伸应力/MPa			硬度 /HA	断裂伸 长率/%
				100%	300%	500%		
纯天然橡胶		16.00	37.25	0.23	1.09	1.84	34	1050.23
2.6	高岭石	13.73	40.55	0.39	1.64	3.28	42	919.53
	La(OH)$_3$/高岭石	15.90	42.17	0.37	1.65	3.20	43	966.76
1.9	高岭石	15.37	47.63	0.47	1.82	3.65	44	939.04
	La(OH)$_3$/高岭石	15.60	46.07	0.37	1.68	3.27	45	980.25
1.1	高岭石	14.69	49.76	0.45	1.92	3.86	43	927.77
	La(OH)$_3$/高岭石	16.25	57.35	0.32	1.81	3.60	45	1006.31
0.7	高岭石	16.97	52.69	0.44	2.00	4.12	46	946.11
	La(OH)$_3$/高岭石	20.04	55.71	0.42	1.93	4.03	47	1025.69

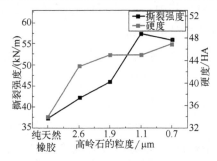

图 5-24　不同粒度高岭石的 La(OH)$_3$/高岭石复合物填充天然橡

胶的硬度和撕裂强度

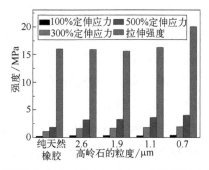

图 5-25　不同粒度高岭石的 La(OH)$_3$/高岭石复合物填充天然

橡胶的定伸应力和拉伸强度（见彩插）

5.5 氢氧化镧/高岭石/丁苯橡胶复合材料的静态力学性能研究

5.5.1 氢氧化镧负载量对复合材料静态力学性能的影响

采用乳液共混法制备了系列 $La(OH)_3$/高岭石/丁苯橡胶复合材料，考察了 $La(OH)_3$ 在高岭石表面的负载量对复合材料静态力学性能的影响。其中，高岭石的粒径为 $1.1\mu m$，$La(OH)_3$/高岭石复合物的填充份数为 50。

表 5-15 为不同负载量的 $La(OH)_3$/高岭石复合物填充丁苯橡胶复合材料以及纯丁苯橡胶的静态力学性能数据。由表中可以看出未填充 $La(OH)_3$/高岭石复合物的丁苯橡胶硬度和力学性能较差，当加入 $La(OH)_3$/高岭石复合物后，复合材料的断裂伸长率增加，说明 $La(OH)_3$/高岭石复合物有阻碍复合材料裂纹扩张的能力。图 5-26 和图 5-27 分别为 $La(OH)_3$ 负载量对复合材料力学性能的影响规律。从图中可以看出，$La(OH)_3$/高岭石复合物的加入能够提高复合材料的硬度和力学性能，其中当 $La(OH)_3$/高岭石的负载量为 3% 时，复合材料的硬度达到最大值 54HA，当 La/高岭石的负载量为 2% 时，复合材料拉伸强度和撕裂强度的最大值分别为 11.90MPa 和 36.78kN/m，与纯丁苯橡胶相比分别提升了 6.48 倍和 2.66 倍，而与只添加高岭石的复合材料相比，拉伸强度由 9.62MPa 提升至 11.90MPa，撕裂强度由 32.99kN/m 提升至 36.78kN/m。这可能是因为稀土元素拥有大量的 4f 电子层结构和空轨道，能够与丁苯橡胶大分子链上的双键发生络合作用，增强填料与丁苯橡胶子链的作用力，从

而提高复合材料的力学性能。

表 5-15　不同负载量的 La(OH)$_3$/高岭石复合物填充
丁苯橡胶的静态力学性能

| La(OH)$_3$/高岭石负载量 | 拉伸强度/MPa | 撕裂强度/(kN/m) | 定伸应力/MPa | | | 硬度/HA | 断裂伸长率/% |
			100%	300%	500%		
纯 SBR	1.59	10.05	0.55	0.99	1.25	39	726.95
0%	9.62	32.99	1.03	1.75	2.73	52	1037.06
0.5%	10.87	34.70	1.08	1.92	3.02	52	1077.38
1%	11.65	34.36	1.06	1.83	2.87	53	1264.07
2%	11.90	36.78	1.19	2.06	3.21	53	1276.29
3%	11.42	33.26	1.00	1.72	2.67	54	1245.99
4%	10.35	31.24	1.05	1.73	2.55	53	1273.65

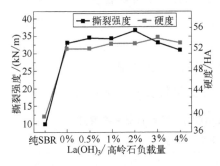

图 5-26　不同负载量的 La(OH)$_3$/
高岭石复合物填充丁苯
橡胶的硬度和撕裂强度

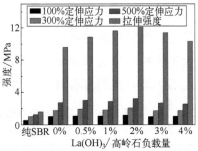

图 5-27　不同负载量的 La(OH)$_3$/
高岭石复合物填充丁苯橡胶的
定伸应力和拉伸强度（见彩插）

5.5.2　氢氧化镧/高岭石填充份数对复合材料力学性能的影响

采用乳液共混法制备了不同填充份数的 La(OH)$_3$/高岭石/
丁苯橡胶复合材料，考察了 La(OH)$_3$/高岭石复合物的填充份数对复合材料静态力学性能的影响。其中，高岭石的粒径为 1.1μm，La(OH)$_3$/高岭石＝2%。

表 5-16 为不同填充份数的 La(OH)$_3$/高岭石复合物填充丁苯橡胶所制备的复合材料的静态力学性能，图 5-28 和图 5-29 分别为 La(OH)$_3$/高岭石填充份数对复合材料硬度、撕裂强度、定伸应力和拉伸强度的影响规律。随着 La(OH)$_3$/高岭石复合物用量的增加，复合材料的硬度由 39HA 增加至 53HA，说明 La(OH)$_3$/高岭石复合物的加入增强了复合材料抵抗外部变形的能力。拉伸强度和撕裂强度也随 La(OH)$_3$/高岭石用量的增加而增大，当填充份数为 50 时，最大拉伸强度和撕裂强度分别为 11.90MPa 和 36.78kN/m，这主要是因为随着 La(OH)$_3$/高岭石复合物用量的增加，单位基体中 La(OH)$_3$/高岭石复合物与橡胶基体的相互作用增强，更大程度限制了橡胶分子链的运动，使得复合材料的拉伸强度提升。除此之外，随着填料用量的增加，增大了填料与橡胶基体相互作用的机会，更好地阻止了复合材料裂纹的扩展，使得复合材料的撕裂强度和断裂伸长率均有所提升。

表 5-16　不同填充份数的 La(OH)$_3$/高岭石复合物填充
丁苯橡胶的静态力学性能

填充份数		拉伸强度/MPa	撕裂强度/(kN/m)	定伸应力/MPa			硬度/HA	断裂伸长率/%
				100%	300%	500%		
0	纯 SBR	1.59	10.05	0.55	0.99	1.25	39	726.95
10	高岭石	2.62	16.05	0.51	1.10	1.45	45	857.72
	La(OH)$_3$/高岭石	2.77	18.77	0.57	1.08	1.42	46	927.27
20	高岭石	4.56	20.27	0.66	1.21	1.65	47	1046.02
	La(OH)$_3$/高岭石	7.28	21.86	0.63	1.27	1.71	47	1196.43
30	高岭石	6.90	24.30	0.67	1.30	1.81	48	1186.32
	La(OH)$_3$/高岭石	8.64	25.79	0.71	1.33	1.88	50	1261.91
40	高岭石	8.50	29.72	0.92	1.61	2.47	50	1103.35
	La(OH)$_3$/高岭石	9.69	32.15	0.88	1.50	2.09	51	1310.94
50	高岭石	9.62	32.99	1.03	1.75	2.73	52	1037.06
	La(OH)$_3$/高岭石	11.90	36.78	1.19	2.06	3.21	53	1276.29

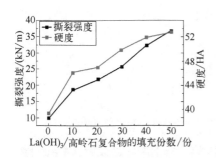

图 5-28　不同填充份数的 La(OH)$_3$/
高岭石复合物填充丁苯橡胶的
硬度和撕裂强度

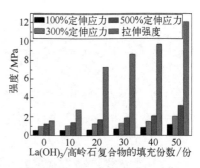

图 5-29　不同填充份数的 La(OH)$_3$/
高岭石复合物填充丁苯橡胶的定
伸应力和拉伸强度（见彩插）

5.5.3　La(OH)$_3$/高岭石复合物填充天然橡胶的微观结构

图 5-30 为 La(OH)$_3$/高岭石复合物填充天然橡胶所制备的复合材料拉伸断面的扫描电镜图。由图中可以看出，当 La(OH)$_3$/高岭石复合物的填充份数较少时（30 份），La(OH)$_3$/高岭石复合物颗粒均匀分散在橡胶基体中，被橡胶基体牢牢包裹住［图（a）、(b)］；而当 La(OH)$_3$/高岭石复合物的填充份数增加时（50 份），La(OH)$_3$/高岭石复合物颗粒并不能完全进入橡胶基体，一部分会残留在复合材料的表面，使得复合材料的表面变得粗糙，而且复合物填充份数的增大，使得其在橡胶基体中不能很好分散［图（c）、(d)］，导致复合材料力学性能降低，因此 La(OH)$_3$/高岭石复合物的填充份数不宜太大。

图 5-31 为 La(OH)$_3$/高岭石复合物填充天然橡胶所制备的复合材料拉伸断面的透射电镜图。La(OH)$_3$/高岭石复合物均匀分散在橡胶基体中，并未出现明显的团聚现象。从图 5-31（c）、(d) 可以看出高岭石层状结构的弯曲和波纹现象，这可能是橡胶

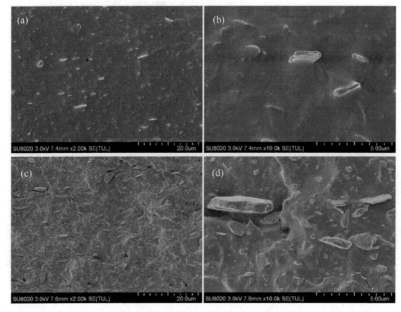

图 5-30　高岭石/橡胶复合材料的 SEM 图

复合材料加工过程中的机械作用造成的。橡胶基体中的高岭石颗粒片层松动，层状结构明显，边缘模糊［图 5-31（b）］，这可能是天然胶乳与 La(OH)₃/高岭石复合物在混合的过程中橡胶分子链与高岭石相互作用的结果。但复合材料的 TEM 图未发现片状 La(OH)₃ 的存在，可能是因为复合材料在硫化过程中 La(OH)₃ 与天然橡胶中的双键发生了络合作用而改变了其片层结构。

图 5-32 为 La(OH)₃/高岭石复合物填充丁苯橡胶所制备的复合材料拉伸断面的扫描电镜图。图（a）、（b）显示的是当 La(OH)₃/高岭石复合物的填充份数较少时（30 份），复合材料的拉伸断面扫描电镜图，图中显示了我们所添加的 La(OH)₃/高岭石复合物颗粒均匀分散在橡胶基体中，被橡胶基体牢牢包裹住，形成结合橡胶；而当 La(OH)₃/高岭石复合物的填充份数较高时（50 份），La(OH)₃/高岭石复合物颗粒并不能完全进入橡

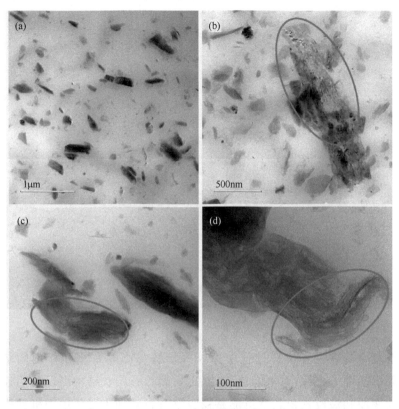

图 5-31　La(OH)$_3$/高岭石/天然橡胶复合材料的 TEM 图

胶基体，一部分会残留在复合材料的表面，使得复合材料的表面变得粗糙，而且当复合物填充份数较高时，还容易发生团聚现象［图（c）、（d）］，导致复合材料力学性能降低，因此填充份数不宜太大。

　　图 5-33 为 La(OH)$_3$/高岭石复合物填充丁苯橡胶所制备的复合材料拉伸断面的透射电镜图。从图 5-33（a）中可以看出，La(OH)$_3$/高岭石复合物在橡胶基体中分散均匀，并未出现团聚现象。从图 5-33（b）中可以看出橡胶基体中的高岭石片层松动，层状结构明显，边缘模糊，这可能是丁苯胶乳与 La(OH)$_3$/高岭

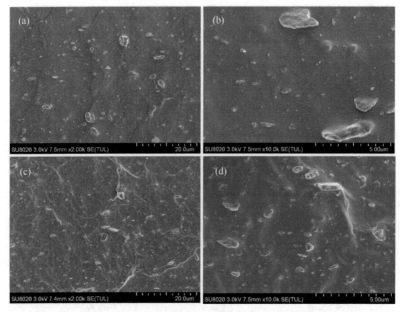

图 5-32　La(OH)$_3$/高岭石/丁苯橡胶复合材料的 SEM 图

石复合物在混合搅拌过程中橡胶分子链与高岭石相互作用的结果。从图 5-33（c）、（d）可以看出，高岭石层状结构出现了明显的弯曲和波纹现象，这可能是橡胶复合材料加工过程中的机械作

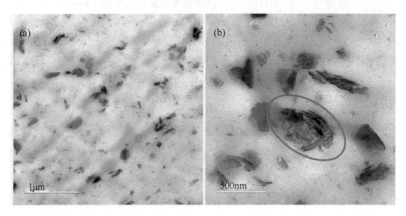

高岭石表面修饰及其在橡胶中的应用

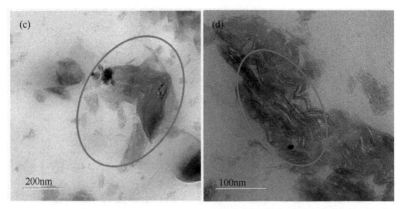

图 5-33 La(OH)$_3$/高岭石/丁苯橡胶复合材料的 TEM 图

用造成的。但在复合材料的 TEM 图中未发现片状 La(OH)$_3$ 的存在，可能是因为复合材料在硫化过程中 La(OH)$_3$ 与丁苯橡胶中的双键发生了络合作用而改变了其片层结构。

5.5.4 高岭石负载稀土化合物的补强机理

目前对于稀土/高岭石复合物在橡胶中的研究较少，因此对于稀土/高岭石补强橡胶没有较为系统的解释，但是填料补强橡胶的本质为填料与橡胶分子之间发生的物理化学作用，不同填料与橡胶之间的作用方式也是有区别的（如图 5-34）。从以上我们所进行的实验的结果可知，稀土的用量、填料的填充份数、粒径以及填料在橡胶基体中的分散状态等均能影响补强效果。目前填料和橡胶基体之间形成的结合橡胶和吸留橡胶是填料对橡胶补强的主要原因。本小节着重分析 La(OH)$_3$/高岭石复合物对橡胶基体的补强以及 La(OH)$_3$ 在其中所起的作用。

图 5-35 为 La(OH)$_3$/高岭石/橡胶复合材料的 SEM 和 TEM 图。由图 (a)、(c) 可以看出 La(OH)$_3$/高岭石复合物在橡胶基

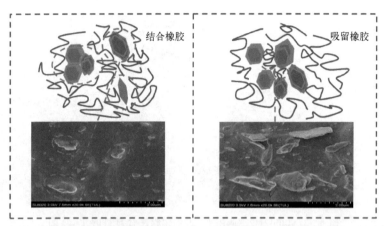

图 5-34 La(OH)$_3$/高岭石/橡胶复合材料所形成的结合橡胶和吸留橡胶模型图

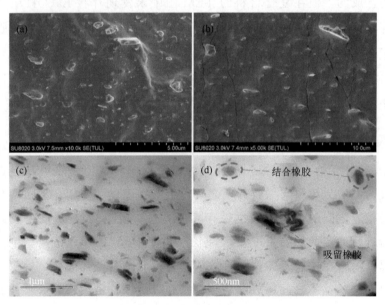

图 5-35 La(OH)$_3$/高岭石/橡胶复合材料的 SEM［(a)、(b)］
和 TEM［(c)、(d)］图

体中均匀分散，并未发现严重的聚集现象，因此可以说明
La(OH)$_3$/高岭石复合物分散在橡胶基体中，可以与橡胶基体形

成大量的结合橡胶，而少部分复合物聚集堆积，形成了少量的吸留橡胶。当复合材料受到外力拉伸时，结合橡胶的存在可以保证橡胶的分子链沿着高岭石的片层方向移动，断裂过程中裂纹从高岭石片层表面延伸，延长了复合材料裂纹的扩展路径；吸留橡胶的形成可以有效限制圈闭在高岭石聚集体中橡胶链的运动。除此之外，高岭石的片层结构还能够有效阻止复合材料在拉伸撕裂过程中裂纹的延伸，保证复合材料的机械强度。La(OH)$_3$/高岭石复合物填充份数的增大可以增加橡胶基体与复合物接触的机会，大大增加结合橡胶和吸留橡胶数量，从而提高复合材料的力学性能。

由以上关于复合材料力学性能的实验数据可以看出，高岭石的粒径对于橡胶的补强效果影响较大，这主要是因为高岭石比表面积的大小与高岭石的粒径有关，当高岭石粒径较小时，比表面积较大，使得高岭石与橡胶分子链的接触面积较大，两者的相互作用加强，高岭石表面与橡胶基体紧密结合，结合橡胶增多，复合材料力学性能增强。当高岭石粒径较大时，比表面积较小，两者的相互作用降低，结合较弱。图 5-36 为橡胶复合材料断面上的扩展裂纹 [(a)、(b)] 以及空洞 [(c)、(d)]。在橡胶的基体中容易形成应力集中点，当受到外力拉伸时，此部分结合较弱，容易产生应力集中从而导致裂纹的延伸，使得复合材料的力学性能下降。复合材料拉伸断裂后，其断裂面上较大粒径的高岭石颗粒在断面上形成空洞，这些空洞的形成是因为高岭石颗粒与橡胶基体结合不牢固。

在表面性质方面，高岭石表面负载 La(OH)$_3$ 后，相当于对其表面进行了改性，使其表面性质发生了系列变化（如图 5-36），增强了 La(OH)$_3$/高岭石复合物与橡胶基体间的结合，这可能是因为镧元素作为一种稀土元素，拥有大量的 4f 电子层结构和空轨道，能够与橡胶大分子链上的双键发生络合作用，改变填料与橡胶基体界面附近分子链的形态，增强了填料与橡胶大分子链之间的作用力，从而使得复合材料的力学性能有所提高。

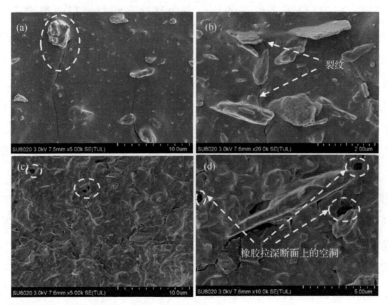

图 5-36　橡胶复合材料断面上的扩展裂纹（a、b）以及空洞（c、d）

5.6　熔融共混法高岭石/橡胶复合材料的动态力学性能研究

5.6.1　填料参数对动态模量与振幅关系的影响

（1）填料的粒度的影响

图 5-37 为不同粒度高岭石样品填充的 SBR 复合材料的储能模量 G' 与振幅的关系图。从图中曲线可以看出，未填充 SBR 胶

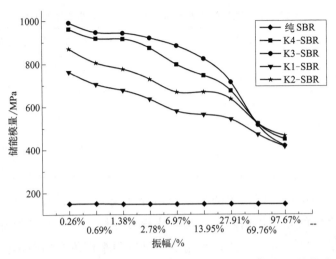

图 5-37　不同粒度高岭石填充 SBR 复合材料的 G' 与振幅的关系

料的 G' 值很低，而且其随振幅的增大没有明显的变化趋势。而对于不同粒度高岭石填充的 SBR 复合材料来说，其 G' 值显著提高，G' 值随着应变振幅的变化呈现强烈的依赖关系，随着振幅的逐渐增大，复合材料的 G' 急剧下降，显示出称作 Payne 效应的非线性行为。在低振幅区域，不同粒度高岭石填充的 SBR 复合材料的 G' 值差别很大，而在高振幅区域时，不同复合材料的 G' 值则相对比较接近。同时，填充复合材料的 G' 值在低振幅区域和高振幅区域的变化趋势具有一定程度的差异。对于 K1-SBR 和 K2-SBR 复合材料，在低振幅区域，G' 值随着振幅的增大有一个逐渐降低的趋势，当振幅在 13.95%～41.26% 时，曲线上出现一个平坦区，G' 值的下降趋势减缓，当振幅继续增大时，G' 值又出现一个明显的下降趋势；而对于 K3-SBR 和 K4-SBR 复合材料，其 G' 在低振幅区域出现一个平坦区，当振幅继续增大后，复合材料的 G' 值急剧下降，显示出较强的 Payne 效应。

表 5-17 为不同粒度高岭石填充复合材料的储能模量最大值 G'_{max} 和最小值 G'_{min}，二者之间的差值 $\Delta G'$ 即是 Payne 效应产生的，

表 5-17　不同粒度的高岭石填充 SBR 复合材料的储能模量

高岭石填充 SBR 复合材料	粒度范围 $d_{(0.5)}$ /μm	储能模量最大值 G'_{max}/MPa	储能模量最小值 G'_{min}/MPa	储能模量差 /MPa
纯 SBR	—			
K1-SBR	6.489	762	415	347
K2-SBR	3.735	870	465	405
K3-SBR	1.933	991	419	572
K4-SBR	0.649	962	449	513

其主要与填料之间产生的相互作用程度相关，$\Delta G'$ 值越小，说明填料之间的相互作用越小，网络化程度越低，填料在橡胶基体中的分散程度越好。因此，利用 $\Delta G'$ 可以用来评价和判断不同填充橡胶复合材料中填料的网络结构程度，从而分析填料在橡胶基体中的分散状态。

随着高岭石粒度的降低，填充复合材料的 $\Delta G'$ 值有逐渐增大的趋势，填料之间的相互作用程度增大。这是由于随着颗粒粒径的降低，粒子的比表面积急剧增大，填料之间的相互作用增强，聚集体的网络结构程度增大。同时，随着粒径的减小，填料与橡胶基体的接触面积则不断增大，填料和橡胶分子间的结合作用增强，从而限制了橡胶分子的自由运动；填料之间的相互作用程度的增强和网络结构程度的加大，会在填料的网络结构中圈闭一定量的橡胶分子，形成所谓的吸留橡胶，相对提高了填料的有效体积分数，进一步阻碍了橡胶基体的变形。以上原因使得填充复合材料的储能模量有了很大程度的提高。但是随着应变振幅的增大，复合材料受到大变形力的作用，填料的网络结构受到破坏，使圈闭的橡胶分子释放出来，填料的有效体积分数和模量都会降低。而且填料的网络结构越发达，复合材料的 G' 值越大。同时，从图 5-38 损耗因子与振幅的关系中得出，在应变过程中，复合材料基体中填料的网络结构越发达，随着聚集体结构的破坏，网

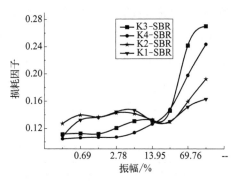

图 5-38　不同粒度高岭石填充 SBR 复合材料的损耗因子与振幅的关系

络结构不断经历破坏和重组的过程,系统吸收的能量也越大。从图 5-37 中可以看出,在储能模量急剧变化的区域,损耗因子增大的趋势也比较明显。损耗因子和储能模量随着振幅的变化具有很好的相关性。

(2) 填料表面性质的影响

图 5-39 为不同改性高岭石填充 SBR 复合材料的储能模量 G' 与振幅的关系曲线。从图中可以看出,不同改性高岭石样品填充的 SBR 复合材料的 G' 随着应变振幅的增大呈现出不同程度的依赖关系,这也可以从表 5-18 中看出,填充复合材料的 $\Delta G'$ 值具有明显的差异。其中,M5-SBR 和 M2-SBR 复合材料表现出 Payne 效应最强,胶料的 $\Delta G'$ 值分别达到了 771MPa 和 638MPa,$G'_{\max}$ 则达到了 1194MPa 和 1028MPa。这说明复合材料基体中填料聚集体的网络结构程度较高,在动态应变中聚集体的结构受到破坏,模量急剧下降。M3-SBR、M6-SBR 和 M4-SBR 复合材料的 $\Delta G'$ 值相对较小,分别为 430MPa、513MPa 和 527MPa,表现出的 Payne 效应较弱,这说明填料在橡胶基体中的分散程度较高,聚集体的网络结构程度较弱。同时,在低振幅区域和高振幅区域,M3-SBR 都有一个平坦区,而 M6-SBR 在低振幅区域出现

一个平坦区，然后随着振幅的增大急剧下降。以上结果说明M3、M6 和 M4 改性剂的改性效果相对比较好，相对于其他两种样品，填料与橡胶分子的相容性较好，在橡胶基体中分散比较均匀，分散度相对较高。和上一节相似，不同填充复合材料在低振幅区域，G' 值相差比较大，而在高振幅区域，差距逐渐降低（如图 5-40）。

表 5-18　不同改性高岭石填充 SBR 复合材料的储能模量

高岭石填充 SBR 复合材料	储能模量最大值 $G'_{\max}$/MPa	储能模量最小值 $G'_{\min}$/MPa	储能模量差 /MPa
M2-SBR	1028	390	638
M3-SBR	859	429	430
M4-SBR	898	371	527
M5-SBR	1194	423	771
M6-SBR	962	449	513

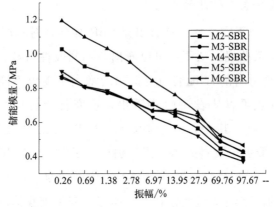

图 5-39　不同改性高岭石填充 SBR 复合材料的 G' 与振幅的关系

（3）填料的填充份数的影响

在填充橡胶复合材料中，随着填充份数的增加，填料在橡胶基体中的有效体积增大，填充复合材料的模量也会随之增高，同时，橡胶基体中填料-填料以及填料-橡胶分子的作用也会随之发

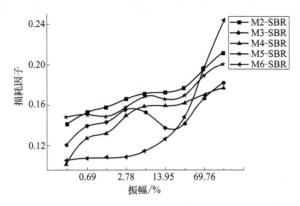

图 5-40　不同改性高岭石填充 SBR 复合材料的损耗因子与振幅的关系

生不同程度的改变。因此，填充份数对于填充橡胶复合材料的动
态力学性能具有很大程度的影响。本试验中高岭石样品为 K4 样
品，且均在相同的条件下采用 M6 改性剂进行表面修饰处理。填
充份数分别为 20、30、40、50、60、70、80。

从图 5-41 不同填充份数的 SBR 复合材料的 G' 与振幅的关系
曲线中可以看出，随着填料填充份数的不断增加，填充复合材料
表现出的 Payne 效应越来越强。填充份数在 20～60 份时，复合
材料的 G' 值在低振幅区域变化趋势较为平缓，但当振幅达到
45％左右以后，G' 值随着振幅的增大急剧降低，而填充份数较
高时，复合材料的 G' 值在全部应变振幅区域随着振幅的增大显
著下降；从表 5-19 可以看出，随着填充份数的增加，填充复合
材料的 $\Delta G'$ 值也在不断增大，从 164.77MPa 增大到 1053.3MPa。

以上结果说明，随着填料填充份数的增加，填料-填料之间
的相互作用增强，填料聚集体的网络结构程度增大。表 5-19 为
不同填充份数高岭石填充 SBR 复合材料的储能模量，从中可以
看出，随着填充份数的增加，填充复合材料的 G' 值不断提高，
当填充份数为从 20 份增加 80 份时，复合材料的 G'_{max} 从
577.05MPa 提高到了 1584.07MPa，这也同样说明当填充份数较

表 5-19　不同填充份数高岭石填充 SBR 复合材料的储能模量

高岭石填充 SBR 复合材料	储能模量最大值 G'_{max}/MPa	储能模量最小值 G'_{min}/MPa	储能模量差 /MPa
MK-20-SBR	577.05	412.28	164.77
MK-30-SBR	731.7	376.63	355.07
MK-40-SBR	764.70	402.19	362.51
MK-50-SBR	962.07	449.87	512.2
MK-60-SBR	989.70	453.77	535.93
MK-70-SBR	1283.89	496.58	787.31
MK-80-SBR	1584.07	530.77	1053.3

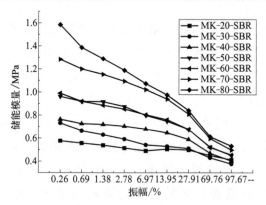

图 5-41　不同填充份数高岭石填充 SBR 复合材料的 G' 与振幅的关系

大时，填料聚集体的网络结构比较发达，圈闭在结构中的橡胶分子较多，使得填料的有效填充体积增大，填料对橡胶基体的限制和阻碍作用增强，从而提高了填充复合材料的模量。

从图 5-42 填充复合材料的损耗因子与振幅的关系中发现，在低振幅区域，尤其是当振幅在 45% 以下时，不同填充份数高岭石填充 SBR 复合材料的损耗因子的变化趋势具有显著的差异，而在高振幅区域，填充复合材料的损耗因子都具有显著增大的趋势。这说明在低振幅区域，不同的填充份数使得复合材料基体中填料的网络结构的破坏和重建过程变化比较复杂，而在高振幅区域，复合材料受到较大的变形力的作用，填料聚集体的网络结构受到破坏加剧，而网络结构的重建过程也加强，更确切地说是在高振幅区域，橡胶基体中能被打破和重建部分与保持不变部分的比率增大，从而使得复合材料的损耗因子随着振幅的增大急剧升高。

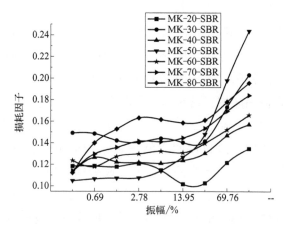

图 5-42 不同填充份数高岭石填充 SBR 复合材料的损耗因子与振幅的关系

（4）填料的结构的影响

填料的网络结构化程度是导致填充复合材料产生 Payne 效应的主要原因，同时也是决定填充胶料滞后损失的主要因素。不同结构的填料在橡胶基体中填料-填料和填料-聚合物的相互作用具有一定的差异，同时不同填料形成的网络结构也不同。因此，填料的结构对橡胶复合材料的动态力学性能具有很大程度的影响。本实验选取了三种填料，分别为炭黑（CB）、白炭黑（PS）和改性处理的高岭石（Kaolin）进行结构的对比实验，将三种填料按相同的填充份数填充到 SBR 基体中，考察了填料的结构对复合材料的动态模量与振幅关系的影响。填料的填充份数为 50。

图 5-43 为将三种填料填充到 SBR 基体中，复合材料的 G' 值与振幅的变化关系。从图中可以看出，随着振幅的增大，三种复

合材料 G' 值显示出不同程度的下降趋势，CB 填充 SBR 复合材料的 G' 值下降趋势最为剧烈，表现出较强的 Payne 效应。从表 5-20 中可以看到，其复合材料的 $\Delta G'$ 值达到了 1688.17MPa。而对于 PS 和高岭石来说，两种填料填充的 SBR 复合材料的 G' 值随振幅的增大，变化趋势较为平缓，其中高岭石填充 SBR 复合材料表现出的 Payne 效应最弱，其填充复合材料的 $\Delta G'$ 值最小，为 512.2MPa。这说明三种复合材料基体中，CB 形成的聚集体网络结构程度最为发达，PS 次之，高岭土的网络结构程度最弱。同时，在低振幅区域，三种填料的填充复合材料的 G' 相差比较大，而在高振幅区域，这种差值越来越小。从图中可以看出，当应变振幅达到 100% 左右时，PS 和高岭石填充的复合材料的 G' 值基本趋于相同。这也说明虽然三种结构的填料在 SBR 基体中形成的网络结构程度具有差异，但在高振幅区域，复合材料受到较大的变形力作用，聚集体的网络结构受到破坏，从而使得不同复合材料的储能模量值趋于相同。而 CB 填充的复合材料的 G'_{min} 较其他两种填料的大，这可能是由于填料与橡胶分子的作用方式不同，PS 和高岭石与橡胶分子的作用主要以物理吸附为主，但是 CB 与橡胶分子之间的作用不但有物理吸附，还有较强的化学结合，因此，CB 填充的复合材料模量较高。

图 5-44 为不同结构填料填充 SBR 复合材料的损耗因子与振幅的关系图。从图中的曲线可以发现，随着振幅的增大，CB 填充复合材料的损耗因子的变化最为剧烈，当应变振幅达到 70%～90% 左右，损耗因子的变化趋于稳定；对于 PS 填料来说，其在较小的振幅区域，损耗因子经历一个上升期，然后随着振幅的增大，损耗因子的变化较为平缓，而在高振幅区域，损耗因子又有一个缓慢上升的过程；而高岭石填充复合材料的损耗因子在低振幅区域变化较为平缓，随着振幅的增大，损耗因子不断提高。这说明不同结构的填料在橡胶基体中网络结构化的程度和

强度不同，在动态应变过程中，复合材料受到变形力的作用，填料网络结构的破坏和重组过程具有一定的差异。

表 5-20　不同改性高岭石填充 SBR 复合材料的储能模量

填充 SBR 复合材料	储能模量最大值 G'_{max}/MPa	储能模量最小值 G'_{min}/MPa	储能模量差值 $\Delta G'$/MPa
CB-SBR	2384.49	696.32	1688.17
PS-SBR	1254.49	447.52	806.97
高岭石-SBR	962.07	449.87	512.2

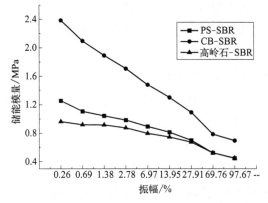

图 5-43　不同结构填料填充 SBR 复合材料的 G' 与振幅的关系

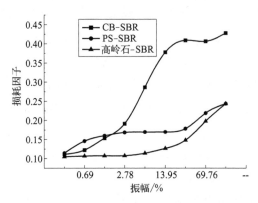

图 5-44　不同结构填料填充 SBR 复合材料的损耗因子与振幅的关系

5.6.2 填料参数对动态生热性能的影响

填料在橡胶基体中网络结构化的程度不但影响复合材料的动态模量与振幅的关系，同时还影响复合材料的动态模量与温度的关系。随着温度的升高，橡胶基体中的自由空间、橡胶分子链段的自由运动程度以及橡胶的黏性都会发生不同程度的改变，从而导致橡胶动态性能呈现一定的变化趋势，同时对胶料的滞后损失也不可避免地产生影响。众所周知，对于橡胶材料，尤其是轮胎橡胶材料，在低温和高温下的损耗因子是表征胶料滞后损失（$\tan\delta$）的一个重要参数。普遍认为，在 0℃左右的 $\tan\delta$ 表征胶料的抗湿滑性能，$\tan\delta$ 越高，胶料的抗湿滑性能越好；在 60℃左右的 $\tan\delta$ 表征胶料的滚动阻力，$\tan\delta$ 越高，胶料的滚动阻力越大。同时 $\tan\delta$ 最大值所处的温度点即为橡胶材料的玻璃化转变温度。在本小节，作者考察了填料的粒度、填充份数、表面性质以及填料的结构对填充复合材料的动态性能与温度关系的影响，并分析导致填充胶料产生变化的原因和机理；同时还计算了不同填充胶料的生热率的大小。

（1）填料的粒度对高岭石/橡胶复合材料的动态生热性能的影响

选取了四种不同粒径的改性高岭石样品，填充到 SBR 基体中制备成高岭石/SBR 复合材料。高岭石填料的填充份数为 50份，选用的改性剂为 M6 改性剂。不同粒度的填料在橡胶基体中的网络结构化会具有一定程度的差异。随着温度的升高，橡胶基体中填料之间以及填料与聚合物之间的相互作用会发生变化，同时橡胶本身分子链段的运动也会发生改变，从而对胶料的动态模量和滞后损失产生影响。

之前对炭黑填料的研究报道显示，由 $\tan\delta$ 表征的动态滞后损失随着填料比表面积的增大（粒度的减小）而提高。而对于高岭石填料来说,从图 5-45 可以看出,对于填充胶料的动态滞后损失,随填料粒度大小,tanδ 值在低温和高温下表现出不同的变化趋势。在 0～10℃左右的温度区域存在一个临界点,低于此临界点,tanδ 值随粒度的降低基本呈现出减小的趋势;高于此临界点,tanδ 值随着粒度的降低有一个增大的趋势(表 5-21)。从表 5-21 可以看到,在 0℃下,K-4 样品的 tanδ 值最大,这说明胶料抗湿滑性能较好,而在 60℃下,K-1 样品的 tanδ 值最小,说明其胶料的滚动阻力较小。产生这种现象的原因主要是:随着填料粒度的降低,填料的比表面积不断增大,表面能提高,颗粒之间相互作用的程度加强,出现团聚形成聚集体的趋势,填料的网络化较发达。同时随着填料比表面积的增大,填料与聚合物基体的相互作用程度也会提高,填料颗粒对橡胶链段的固定程度更高,从而相对会更大程度上提高填料的体积分数,导致在较高温度下滞后较高,在较低的转变区温度下滞后较低。

同时,从图 5-46 中可以看到填料的粒度大小对于填充胶料的 tanδ 最大值出现的温度点即玻璃化转变温度(T_g)没有明显的影响,不同粒度填料填充的胶料的玻璃化转变温度都位于 −20℃左右的区域,同时不同填充胶料玻璃化温度开始的温度点也比较接近。这一点与之前炭黑的研究报道相似。图 5-46 中,在低于 T_g 的温度区域,填充橡胶的 G' 与填料的粒度基本呈现负相关关系,随着填料粒度的减小而增大,这是因为粒度越小,比表面积越大,与橡胶基体的作用越强,形成的结合胶越多,使橡胶材料的模量提高;随着温度的升高,不同填充胶料的模量值都出现急剧降低的趋势,当温度高于 T_g 左右以后,不同填充胶料的模量值基本趋于相同。这是由于温度足够高后,聚合物分子的布朗运动很快,聚合物基体的黏性降低,橡胶分子链段的相对位置调整速度足以跟上动态应变,从而进入所谓的橡胶态,此时复合材料具有低模量和低损耗的特点。

从式（5-9）中可以看到，橡胶材料的生热率与动态应变的频率、应变振幅以及损耗因子 tanδ 等因素有关，将实验过程中各个动态力学特性的值代入到式（5-9）中，计算得到了橡胶材料的生热率。如图 5-47 所示，不同胶料的生热率总体上随温度的升高呈现降低的趋势，但是在转变区域（T_g 附近）出现一个峰值，这是由于在转变区橡胶分子链段的活动能力增强。随着颗粒粒度的减小，填充胶料的生热率显示出一个逐渐增大的趋势，但是 K-3 样品的生热率在转变区域升高较快。由于动态应变中胶料的实验频率和振幅相同，实验中胶料的生热率只与储能模量和损耗因子相关，如上两段所述，储能模量与损耗因子的变化与填料粒子在橡胶基体中的聚集体网络以及填料-橡胶分子相互作用程度密切相关。因此，生热率也是填料在橡胶基体中分散和相互作用的反映，与填料-填料和填料-聚合物的相互作用程度紧密相关。

表 5-21　不同粒度高岭石填充 SBR 胶料的 tanδ 值和 T_g

项目	K-1	K-2	K-3	K-4
tanδ(0℃)	0.29	0.28	0.26	0.324
tanδ(60℃)	0.098	0.135	0.119	0.125
T_g/℃	−19.8	−20.1	−20.34	−20.43

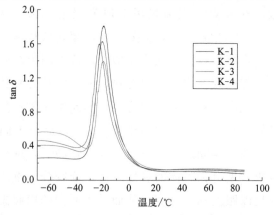

图 5-45　不同粒度高岭石填充 SBR 复合材料的 tanδ 与温度的关系（见彩插）

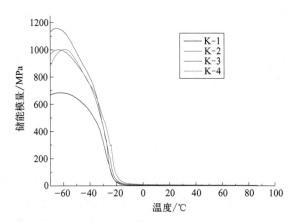

图 5-46　不同粒度高岭石填充 SBR 复合材料的 G' 与温度的关系（见彩插）

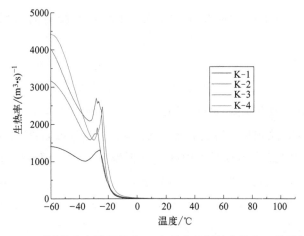

图 5-47　不同粒度高岭石填充 SBR 复合材料的生热率（见彩插）

（2）填料的表面性质对高岭石/橡胶复合材料的动态生热性
能的影响

填料的表面性质对于填料的表面能具有很大程度的影响，填
料和聚合物基体的表面特性或表面能差异越小，填料与聚合物的
相容性越好，其在聚合物基体中的分散和稳定性越好，填料-聚

合物之间的相互作用越强。由于高岭石的表面具有极性基团，同时随着粒度的减小表面能急剧增大，其与橡胶的相容性较差。因此，必须采用表面改性剂对高岭石的表面进行修饰处理。和上一小节相同，本节实验采用了 M2、M3、M4、M5 和 M6 等五种表面改性剂对高岭石表面进行改性处理，然后按相同的填充份数填充到 SBR 基体中。高岭石样品为 K-4 样品，填充份数为 50 份。

图 5-48 为不同改性高岭石填充复合材料的 $\tan\delta$ 与温度的关系图。从图中可以看出，M2~M5 这四种样品填充胶料的滞后损失随温度的变化趋势比较相似，填充胶料的玻璃化转变温度 T_g 基本上位于 $-30\,℃$ 左右的区域，M3 稍微偏高；同时，四种样品填充胶料的玻璃化转变的区域范围也较为相似（$-50\sim10\,℃$ 左右）。同以上四种样品相比，M6 样品填充胶料的滞后损失曲线具有明显的差异，其玻璃化转变温度在 $-20\,℃$ 左右，同时其转变的区域范围也较窄。五种样品填充胶料在低温和高温下的 $\tan\delta$ 值从表 5-22 中可以看到。M6 样品填充胶料的 $\tan\delta$ 值在低温和高温下均呈现较大值，M3 次之，其他三种样品的滞后损失比较接近。这说明 M6 样品在橡胶基体中的分散状态比较好，填料之间的团聚趋势较弱，因此，在低温下，由于聚合物体积分数相对较高使得胶料吸收的能量较多，滞后损失较大，同时也说明该样品与橡胶基体的相容性较好。相对 M6 样品，M3 次之，而其他三种改性样品在橡胶基体中的分散情况较差，填料之间的相互作用较强，聚集体较多。

表 5-22　不同改性高岭石填充 SBR 复合材料的 $\tan\delta$ 值与 T_g

样品名称	损耗因子(0℃)	损耗因子(60℃)	玻璃化转变温度/℃
M2-SBR	0.154	0.117	-36.34
M3-SBR	0.191	0.126	-30.71
M4-SBR	0.170	0.116	-33.86
M5-SBR	0.157	0.108	-37.16
M6-SBR	0.324	0.125	-20.43

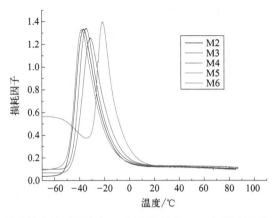

图 5-48　不同改性高岭石填充 SBR 复合材料的 tanδ 与温度的关系 （见彩插）

　　从图 5-49 中可以看到，在五种不同的填充胶料中，储能模量 G' 随温度的变化趋势具有明显的差异。在低温下 （T_g 以下或者玻璃态），M2～M5 这四种填充胶料的 G' 值较高，其中 M2 填充胶料最高，M5 次之，M3 和 M4 比较接近。同时，四种胶料 G' 的变化趋势也具有一定程度的相似性，胶料的 G' 基本都在 -50℃ 左右开始急剧下降，然后在 -20～-30℃ 左右趋于相同。而对于 M6 样品，其储能模量的变化趋势具有显著的差异，相对于其他四种样品，其 G' 明显偏低，同时 G' 的降低趋势比较平缓，变化的区域范围较宽。该填充胶料的 G' 值在 -10～-20℃ 与其他填充胶料的趋于相同。这种现象与上面 tanδ 和温度的变化关系具有一定的相关性，由于填料之间的相互作用较强，橡胶基体中填料的聚集体状态和网络化程度较大，因此包覆圈闭在其中的橡胶数量较多，从而使填料的实际体积分数相对增大，复合材料的模量较高。同时由于聚合物的相对体积分数减少，胶料在低温下吸收的热量减少，滞后损失较低。

　　在图 5-50 中，不同胶料的生热率的变化趋势没有明显的规律，生热率的变化曲线与储能模量和滞后损失的曲线具有一定程度的对应性，对于填料分散状态较差，网络化较发达的填料，其在低温下的滞后损失小。前四种样品的填充胶料在－50℃之前生热率较低，然后其随着温度的升高迅速升高，而生热率的峰值基本上位于储能模量变化最为剧烈或者滞后损失最大的温度区域。M6 样品的生热率具有一定程度的差异，其生热率随着温度的升高急剧降低，而在－20～－30℃左右的区域，出现一个峰值，然后持续下降。

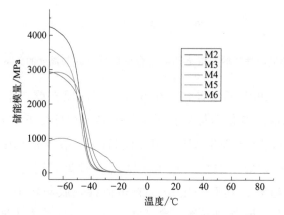

图 5-49　不同改性高岭石填充 SBR 复合材料的 G' 与温度的关系（见彩插）

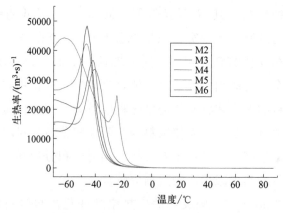

图 5-50　不同改性高岭石填充 SBR 复合材料的生热率（见彩插）

（3）填料的填充份数对高岭石/橡胶复合材料的动态生热性能的影响

在之前对炭黑的研究报道中，普遍观察到填料的填充份数会明显影响橡胶材料动态性能与温度的关系。而对于高岭石填料，之前还没有做过类似的研究，本节将具有相同粒度的高岭石样品经过表面改性处理后，按不同的填充份数添加到橡胶基体中，制备出高岭石/橡胶复合材料。高岭石的样品为 K-4 样品，所选改性剂为 M6 改性剂，高岭石样品的填充份数分别为 20、30、40、50、60、70 和 80。

图 5-51 为不同填充份数高岭石的 SBR 复合材料的 $tan\delta$ 与温度的关系。从图中可以看到，同上一节相似，填充份数的改变对于填充 SBR 复合材料的 T_g 没有明显的影响，不同份数填充胶料的 T_g 均出现在 −20℃ 左右的区域（表 5-23），但是随着填充份数的增加，T_g 点对应的 $tan\delta$ 值逐渐减小，这是由于填料的体积分数增加，同时填料与聚合物相互作用的程度增大形成一定量的固定胶，进一步增大填料的体积分数。在 0℃ 左右存在一个温度临界点。在此临界点的左右，填充胶料的 $tan\delta$ 值随着填充份数的改变表现出不同的变化趋势。当温度低于临界点时，随着填充份数的增加，$tan\delta$ 值逐渐降低，而温度高于临界点时，$tan\delta$ 值变化的趋势正好相反。

从对炭黑的研究中可以认为，在这两个区域中填料分数的影响应该受到不同机理的支配。在低于临界点的区域，增大高岭土的分数会降低滞后，这是由于高岭土的体积分数增加，聚合物的体积分数相对减小，而在应变过程中，给定能量的输入，混炼胶中的固体填料吸收的能量较少，大部分能量的损耗是由聚合物基体造成的。因此，填料分数增加后使得聚合物的相对体积分数减小，从而降低了复合材料的滞后，但是这一解释在高温区域就不

表 5-23　不同填充份数的 SBR 复合材料的 tanδ 和 T_g

样品名称	损耗因子(0℃)	损耗因子(60℃)	玻璃化转化温度/℃
MK-20-SBR	0.332	0.107	−21.20
MK-30-SBR	0.302	0.112	−21.37
MK-40-SBR	0.326	0.119	−19.2
MK-50-SBR	0.324	0.125	−20.43
MK-60-SBR	0.311	0.129	−20.16
MK-70-SBR	0.308	0.131	−20.2
MK-80-SBR	0.307	0.144	−18.9

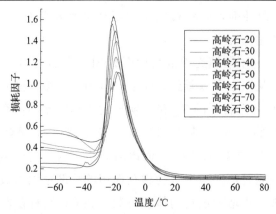

图 5-51　不同填充份数的 SBR 复合材料的 tanδ 与温度的关系（见彩插）

适用了。在高于临界点的区域，特别是在 60℃ 左右，填料的加入使得复合材料的滞后不断增大。作者认为应该从热力学和动力学方面解释，在高温下，复合材料基体内的自由空间较大，分子布朗运动很快，橡胶分子链段自由活动能力增强，聚合物基体的黏性很低，应变阻力也比较低。此时，聚合物基体吸收的能量较少，而随着填料分数的增加，填料与聚合物之间的接触面积增大，相互作用程度较高，同时填料-填料之间的作用也加强，温度的升高会减弱这两种相互作用。因此，在高温下特别是橡胶态区域，随着填料分数的增大，填充复合材料的滞后损失提高，tanδ 增大。

从图 5-52 来看，随着填料的填充份数的增加，填充 SBR 复合材料的储能模量呈现出逐渐增大的趋势，这也是填料的体积分数增加，与聚合物基体的相互作用增大，填料颗粒对橡胶分子链段的限制和束缚作用增强所致。与前一小节相似，当温度升高到临界点以后，不同填充胶料的模量值趋于相同。

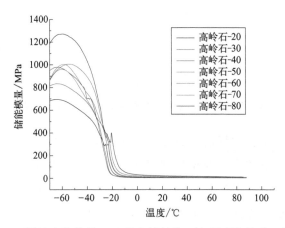

图 5-52　不同填充份数的 SBR 复合材料的 G' 与温度的关系（见彩插）

橡胶材料的生热率与损耗因子和储能模量密切相关。从图 5-53 中看到，在整个温度区域，填充胶料的生热率随填充份数的增加总体上呈现增大的趋势，但是填充 50 份时，其在低温区域的生热率比 60 份和 70 份要大。同时，不同的填充胶料在 $-30 \sim -20{}^\circ\mathrm{C}$ 左右的区域，都出现一个程度不同的先增大后减小的趋势，显示出一个峰值，峰值出现的温度点与 T_g 较为吻合。产生上述现象的原因同样也与填充胶料基体内填料与聚合物基体结构的变化相关。

（4）填料的结构对高岭石/橡胶复合材料的动态生热性能的影响

不同结构的填料在橡胶基体中形成的填料聚集体形态必定不

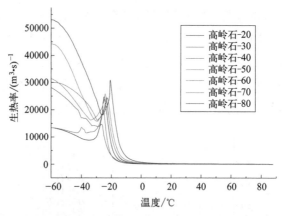

图 5-53　不同填充份数的 SBR 复合材料的生热率（见彩插）

同，填料网络化的形成方式和程度也具有一定的差异。而储能模量和损耗能量的变化与填料网络或聚集体形态紧密相关，在动态应变过程中，除了聚合物基体本身的贡献外，橡胶材料的滞后损失的主要影响因素为填料聚集体的结构和网络程度。因此，填料的结构对滞后损失与温度的关系具有重要的影响。本节选用了炭黑（CB）、白炭黑（PS）和高岭石（Kaolin）三种不同类型的填料，将三种填料按相同的体积分数填充到 SBR 基体中，填充份数均为 50 份。对比了不同填充胶料的动态模量和损耗因子与温度的关系。

图 5-54 为三种填料填充的 SBR 复合材料的 tanδ 与温度的关系。从图中可以看到，三种类型填料填充的 SBR 复合材料的 T_g 以及转变区的区域具有一定的差异，PS 填充胶料的 T_g 最低，为 -22.76℃，转变区的区域范围较宽，CB 次之，高岭石的 T_g 最低，为 -20.43℃，转变区的区域也最窄（表 5-24）。

在图 5-54 中，三种填充复合材料的 tanδ 值在低温和高温区域具有不同的差异，PS 填充 SBR 胶料的 tanδ 值在整个温度区域范围内都比较低，其在 0℃下的 tanδ 值为 0.145，60℃下的 tanδ

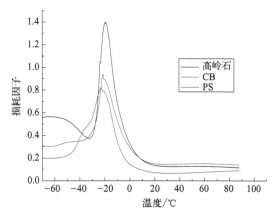

图 5-54　不同结构填料填充 SBR 复合材料的 tanδ 与温度的关系 （见彩插）

值只有 0.075；而对于高岭石和 CB 来说，在 10℃ 左右存在一个临界点，在温度低于 10℃ 的区域，高岭石填充胶料的 tanδ 值较高，而在高于 10℃ 的区域，炭黑填充胶料的滞后损失较大。产生这种现象的原因主要是，相对于高岭石填料，炭黑和白炭黑在橡胶基体内的填料之间的相互作用较强，填料聚集体较多，网络化的程度比较高。在填料的聚集体中吸附和束缚了更多的橡胶分子链段，形成了较多的所谓吸留橡胶，这部分橡胶自由活动能力很弱，起到填料而不是聚合物基体的作用，其相对提高了填料的有效体积分数，使得聚合物基体的体积分数相对较低，因此在低温以及转变区的区域，炭黑和白炭黑填充胶料的滞后损失较小。而当温度升高到高温区以后，橡胶基体的黏性非常低，滞后损失较小，能量的损失主要是填料与橡胶基体的相互作用的变化引起的。由于炭黑与橡胶基体的作用不但包括物理吸附作用，还有化学键合作用，因此作用力比较强，结合胶的强度比较高，而高岭石和白炭黑与橡胶分子的作用较弱，因此，随着温度的升高，填料-橡胶基体作用减弱，橡胶分子链段在炭黑表面的运动产生的能耗较大。由于高岭石具有片状结构，相对于白炭黑的球状结构而言，与橡胶分子的接触面积较大，因此填充胶料的滞后损失较高。

表 5-24　不同类型填料填充 SBR 复合材料的 tanδ 和 T_g

填料类型	损耗因子(0℃)	损耗因子(60℃)	玻璃化转化温度/℃
K-SBR	0.324	0.125	−20.43
PS-SBR	0.145	0.075	−22.76
CB-SBR	0.29	0.150	−21.54

　　从图 5-55 可以看出，三种不同类型的填料填充的 SBR 复合材料的储能模量具有明显的差别。相对于高岭石填料，炭黑和白炭黑填充胶料的储能模量明显较高，其中炭黑的最大，白炭黑的次之，高岭石的模量最小，其还是由于填料网络和填料-聚合物基体的相互作用导致的。炭黑和白炭黑的网络化程度大，吸留胶的分数较多，导致填料的有效体积分数相对较大，因此模量较大，而且炭黑与橡胶分子的作用包括物理和化学作用，形成的结合胶强度更高，模量值最大。同时还可以观察到对于胶料的储能模量的峰值，高岭石和白炭黑的比较接近，在−50～−60℃左右区域，而炭黑填充胶料的峰值在−40℃左右，峰值对应的温度较

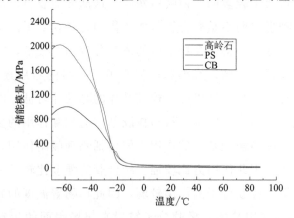

图 5-55　不同结构填料填充 SBR 复合材料的 G' 与温度的关系 （见彩插）

高。随着温度的升高，不同胶料的模量值急剧降低，当温度高于T_g以后，三种胶料的模量值趋于相同，原因也与前面的论述相同，在高温下橡胶基体处于橡胶态，材料的黏性和应变阻力相当低，模量和滞后损耗很小。

图 5-56 为三种类型填料填充胶料的生热率曲线。从图中可以看到，三种填充胶料的生热率变化具有明显的差异，而且变化趋势也不规律。对于炭黑来说，生热率在 −40℃ 左右达到峰值，然后随着温度的升高急剧降低，从炭黑的 tanδ 和 G' 与温度的曲线上来看，tanδ 开始增大的温度点和 G' 值的峰值都位于 −40℃ 左右，因此，生热率与这两者具有一定的对应关系；而对于白炭黑填料，生热率在 −30~−40℃ 达到峰值然后出现急剧降低的趋势；相对前两种填料，高岭石的生热率的变化比较复杂，其在≤ −30℃ 左右的区域有一个降低的趋势，然后随着温度的升高又逐渐增大，在 T_g 左右出现一个最大值，然后随温度的升高降至最低。从总体上来说，高岭石的生热率小于白炭黑和炭黑，尤其是在温度高于 −20℃ 以后，炭黑的生热率最大，白炭黑的次之，高岭石的最小。

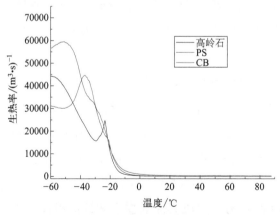

图 5-56　不同结构填料填充 SBR 复合材料的生热率（见彩插）

5.7 乳液共混法高岭石/橡胶复合
材料的动态力学性能研究

5.7.1 絮凝剂和高岭石参数对复合材料动态生热性能的影响

高岭石在橡胶基体中形成了填料-填料和填料-橡胶基体的相互作用，这种填料在橡胶基体中的网络化结构程度影响着复合材料与温度的关系。随着温度的不断升高，在复合材料中橡胶分子以及填料的自由运动程度都会发生一定程度的变化，致使复合材料在动态性能中呈现变化趋势。对于轮胎橡胶材料一般采用损耗因子表示滞后损失（$\tan\delta$），在$-30℃$左右的 $\tan\delta$ 表示轮胎在冰路面的抗湿滑性能；$0℃$附近的 $\tan\delta$ 表示轮胎的抗湿滑性能，$\tan\delta$ 越大，抗湿滑性能越好；$60℃$左右的 $\tan\delta$ 表示轮胎的滚动阻力，$\tan\delta$ 越大，滚动阻力越大。$\tan\delta$ 最大值所处的温度点即为橡胶材料的玻璃化转变温度（T_g），轮胎的湿抓着性受到 T_g 的影响。

（1）絮凝剂种类对复合材料动态生热性能的影响

图 5-57 中可以看出，不同絮凝剂制备的高岭石/ESBR 硫化胶 $\tan\delta\mid_{-30℃}$、$\tan\delta\mid_{0℃}$ 和 $\tan\delta\mid_{60℃}$ 均有变化，$Mg(NO_3)_2$ 的 $\tan\delta$ 高于其他三种絮凝剂，$KAl(SO_4)_2$ 在$-30℃$和 $60℃$时要低于 $MgCl_2$，而在 $0℃$ 的时候高于 $MgCl_2$。一般在对聚合物微观结构进行设计时，为了解决其滞后损失和抗湿滑性的矛盾，往往要求在 $0℃$时 $\tan\delta$ 较高，表明所制备的复合材料具有良好的抗湿滑

性能。但 60℃时的 tanδ 最小值为 0.114，所以 KAl(SO₄)₂ 制备的复合材料有较好的抗湿滑性能，同时具有较小的滞后损失，减少动态加热现象，其在应用中产生的摩擦滚动损失相对较小，而 Mg(NO₃)₂ 制备的复合材料在 60℃时，tanδ 较大，会有较大的摩擦滚动损失。

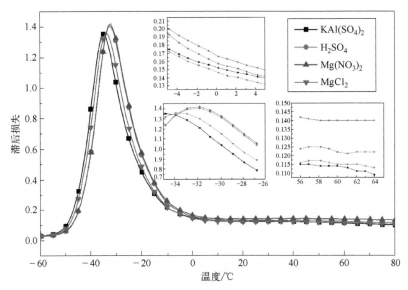

图 5-57　不同絮凝剂对硫化胶 tanδ 温度依赖性影响对比

由图 5-58 可知，随着温度从 −60℃升高到 −20℃，所有样品的存储模量和损耗模量都显著降低，这是聚合物的玻璃化转变现象所致。随着温度从 20℃增加到 80℃，储能模量 G' 和损耗模量 G'' 值达到相对稳定值，约为 10MPa 和 1MPa。以 KAl(SO₄)₂ 为絮凝剂制备的高岭石/ESBR 硫化胶，在低温下具有较低的储能模量 G'［图 5-58（a）］和损耗模量 G''［图 5-58（b）］，随着温度的升高，其 G' 和 G'' 逐渐高于另三种絮凝剂制备的复合材料，而在 60℃左右时 KAl(SO₄)₂ 制备的复合材料与其他三种复合材料的 G'' 相差不大，与最低的 MgCl₂ 制备的复合材料相差 0.1MPa

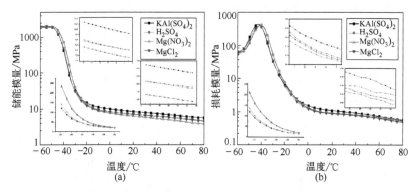

图 5-58　不同絮凝剂对硫化胶 G'（a）和 G''（b）温度依赖性影响对比

左右。不同絮凝剂絮凝的复合材料的生热率 Q 如图 5-59 所示，复合材料的生热率均随着温度的升高而先上升后下降最终趋于稳定。可以看出在 0℃ 和 60℃ 时，$KAl(SO_4)_2$ 制备的复合材料均有较高的 Q，与其损失模量的数据一致。这是由于 $KAl(SO_4)_2$ 使高岭石在材料中分散更加均匀，使填料-填料-橡胶分子的相互作用增强。由表 5-25 可以看出 $KAl(SO_4)_2$ 制备的复合材料 T_g 为 $-34.8℃$，低于其他复合材料的 T_g，说明其在使用过程中温

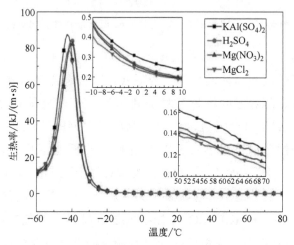

图 5-59　不同絮凝剂制备复合材料的生热率

度下限要低，具有较宽的使用温度范围，显示出与其他复合材料相比具有更好的柔性。

表 5-25　不同絮凝剂制备的复合材料在一定温度下的 $\tan\delta$、G' 和 T_g

絮凝剂	损耗因子			储能模量/MPa			玻璃化转化温度/℃
	0℃	20℃	60℃	−20℃	0℃	20℃	
$KAl(SO_4)_2$	0.152	0.128	0.114	14.8	10.0	8.5	−34.8
H_2SO_4	0.157	0.130	0.122	13.6	8.4	7.1	−31.9
$Mg(NO_3)_2$	0.166	0.140	0.140	12.9	7.7	6.4	−31.8
$MgCl_2$	0.146	0.122	0.115	12.5	8.4	7.2	−33.9

（2）高岭石粒度对复合材料动态生热性能的影响

由图 5-60 可以看出不同粒径的高岭石填充到橡胶基体中，在−30℃时，粒度为 2.20μm 和 1.51μm 高岭石制备的复合材料的 $\tan\delta$ 高于 1.09μm 和 0.79μm 制备的复合材料的 $\tan\delta$，说明高岭石的粒度较大时作为填充材料在冰路面上的抗湿滑性能较好。在 0℃ 和 60℃ 时，小粒径高岭石填充制备的复合材料具有较高的 $\tan\delta$ 值，说明小粒径高岭石可以改善橡胶材料的湿牵引性能，

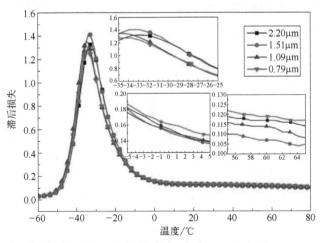

图 5-60　不同粒径对硫化胶 $\tan\delta$ 温度依赖性影响对比

但不利于橡胶材料的滚动阻力性能。这是由于高岭石颗粒在复合材料基体中具有良好的分散性以及填料颗粒与橡胶链之间的相互作用。表 5-26 可知，当高岭石粒度为 1.09μm 时，复合材料的玻璃化转化温度为 −34.8℃，具有更加宽泛的使用条件。

表 5-26　不同粒径制备的复合材料在一定温度下的 tanδ、G' 和 T_g

粒径/μm	损耗因子			储能模量/MPa			玻璃化转化温度/℃
	0℃	20℃	60℃	−20℃	0℃	20℃	
2.20	0.155	0.127	0.117	13.0	8.5	7.2	−32.8
1.51	0.150	0.122	0.107	12.6	8.3	7.1	−32.9
1.09	0.152	0.128	0.114	14.8	10.0	8.5	−34.8
0.79	0.161	0.133	0.119	18.0	12.0	10.1	−33.7

由图 5-61 可知，高岭石的粒度对复合材料的 G' 和 G'' 在 −30℃ 时区分并不明显，随着温度的升高，当温度达到 0℃ 和 60℃ 时，小粒径的高岭石填充复合材料的 G' 和 G'' 高于大粒径的高岭石填充复合材料，这说明高岭石的粒径越小，比表面积越大，在复合材料中接触面积越大，两者相互作用越强，在橡胶基体中对分子链的限制较小，活动性较大。图 5-62 为不同粒径高岭石填充复合材料的生热率，在 0℃ 和 60℃ 时粒径较小的高岭石

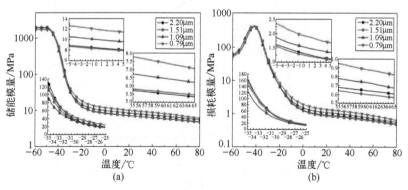

图 5-61　不同粒径对硫化胶 G'（a）和 G''（b）温度依赖性影响对比

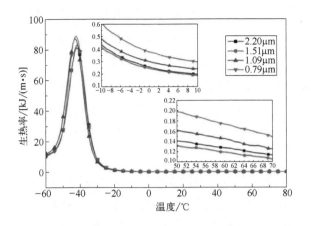

图 5-62　不同粒径高岭石填充复合材料的生热率

复合材料具有较高的生热率，也是填料-填料或填料-橡胶基体的相互作用较强所致，所以粒度较小的高岭石填充复合材料具有较高的 G'、G''和 Q 值。

（3）高岭石填充份数对复合材料动态生热性能的影响

对于不同填充份数高岭石的复合材料，由图 5-63 可知，不

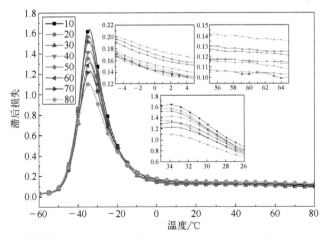

图 5-63　不同填充量对硫化胶 tanδ 温度依赖性影响对比

同的填充份数对于复合材料的滞后损失差别较大，随着添加量的增加，tanδ|_{-30℃}逐渐减小，这是由于在低温下填充高岭石份数越大，对于橡胶基体分子的运动阻碍越大，产生了较大的滞后损失。填充份数为 80 份时比填充份数为 10 份时的 tanδ|_{0℃} 和 tanδ|_{60℃} 分别高出 124.5% 和 134.0%，说明高份数的高岭石填料可以提高复合材料的抗湿滑性能，但同时也会产生较大的摩擦滚动损失。

图 5-64 可以看出不同填充份数高岭石制备的复合材料的储能模量 G' 和损失模量 G'' 在整个温度范围内随着高岭石含量的增加呈现明显的增加趋势。在 0℃ 时高岭石的添加量从 10 份添加到 80 份时，储能模量从 4.0MPa 增加到 21.2MPa，提高了 530%，这是由于高岭石结构的增强和高岭石体积分数的增加对分子链运动的强烈限制。随着填充份数的增加，导致填料与橡胶基体的相互作用增强，使材料的生热率也有不同程度的提升（图 5-65）。由表 5-27 可以看出随着高岭石含量的增加，T_g 值无显著变化，说明高岭石含量对材料的 T_g 无明显影响。

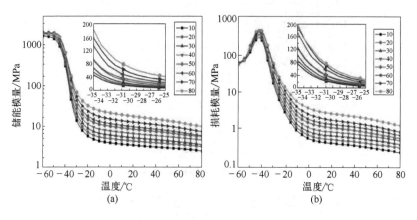

图 5-64　不同填充量对硫化胶 G'（a）和 G''（b）温度依赖性影响对比

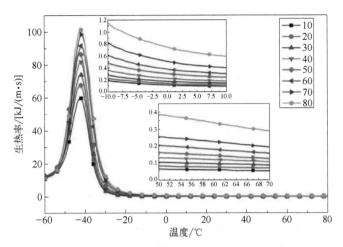

图 5-65　不同份数高岭石填充复合材料的生热率

表 5-27　不同填充量制备的复合材料在一定温度下的 $\tan\delta$、G' 和 T_g

填充份数	损耗因子			储能模量/MPa			玻璃化转化温度/℃
	0℃	20℃	60℃	−20℃	0℃	20℃	
10	0.143	0.121	0.103	5.8	4.0	3.5	−33.8
20	0.141	0.119	0.105	7.2	5.0	4.4	−33.8
30	0.143	0.126	0.116	8.9	6.1	5.3	−33.9
40	0.148	0.126	0.115	11.3	7.7	6.6	−33.8
50	0.152	0.128	0.114	14.8	10.0	8.5	−34.8
60	0.164	0.139	0.127	17.8	11.6	9.7	−33.8
70	0.170	0.140	0.124	23.3	15.1	12.6	−33.8
80	0.178	0.151	0.138	32.1	21.2	17.5	−34.8

（4）高岭石表面性质对复合材料动态生热性能的影响

高岭石在进行湿法剥片的过程中加入 1％的改性剂，从而得到不同表面性质的高岭石。由图 5-66 可以看出，在低温时 $\tan\delta\mid_{-30℃}$ 相差不大；随着温度的升高，Si69、KH-560、KH-172 的 $\tan\delta\mid_{0℃}$ 要高于钛酸酯和铝酸酯改性的复合材料；在 60℃

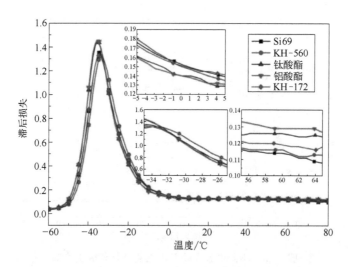

图 5-66　不同改性剂对硫化胶 tanδ 温度依赖性影响对比

时，五种改性剂的 tanδ 比较分明，Si69 和 KH-560 有较低的摩擦滚动损失，在 0℃时有较高的抗湿滑性能和 60℃左右有较低的滚动阻力。

图 5-67 可以看出，五种改性高岭石制备的复合材料，储能模量 G' 随着温度的升高呈现下降的趋势，随着温度从－20℃增加到 80℃，储能模量值达到相对稳定值，约为 10MPa。钛酸酯和铝酸酯改性后，其储能模量和损耗模量均低于其余三种改性剂制备的复合材料，与复合材料的生热率（图 5-68）一致，这可能是橡胶链通过化学键或物理吸附与高岭石表面的官能团直接相互作用较弱造成的；但是由表 5-28 可以看出这两种改性剂的玻璃化转化温度 T_g 较低，使用的温度范围更加宽泛。表 5-28 可以看出 Si69 改性制备的复合材料，在－20℃到 20℃时有较高的 G' 说明其存储弹性变形能量的能力较强，变形后回弹性较好。结合抗湿滑性和滚动阻力，综合考虑 Si69 改性的复合材料其动态生热性能更优异。

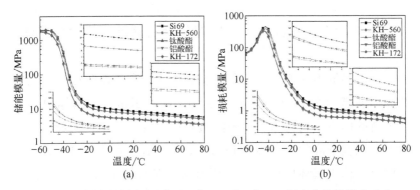

图 5-67　不同改性剂对硫化胶 G'（a）和 G''（b）温度依赖性影响对比

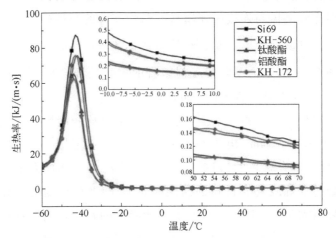

图 5-68　不同改性高岭石填充复合材料的生热率

表 5-28　不同改性剂制备的复合材料在一定温度下的 tanδ、G' 和 T_g

改性剂	损耗因子			储能模量/MPa			玻璃化转化温度/℃
	0℃	20℃	60℃	−20℃	0℃	20℃	
Si69	0.152	0.128	0.114	14.8	10.0	8.5	−34.8
KH-560	0.150	0.123	0.116	12.5	8.3	7.3	−33.9
钛酸酯	0.140	0.124	0.126	7.7	5.7	5.1	−35.9
铝酸酯	0.140	0.126	0.129	7.5	5.4	4.8	−35.8
KH-172	0.151	0.130	0.119	12.0	8.3	7.2	−34.9

5.7.2 絮凝剂和高岭石参数对复合材料动态模量的影响

根据不同絮凝剂、高岭石粒度、填充量和表面改性制备混炼胶的储能模量 G' 随剪切应变的变化，评价丁苯橡胶基体中高岭石填料的网络结构行为。一般将填充橡胶的动态模量随着应变的增加而急剧下降的现象称为 Payne 效应。这一效应与填料的分散性以及与橡胶基体间的相互作用有关，是橡胶的应力-应变行为的特定特性。Payne 效应可归因于材料微观结构的变形引起的变化，即橡胶基体与连接相邻填料的弱物理键的断裂和恢复。

(1) 絮凝剂种类对复合材料动态模量与振幅的影响

图 5-69（a）为不同絮凝剂絮凝的混炼胶复合材料的损耗因子 tanδ 随剪切应变的变化。可以看出随着振幅的增大 tanδ 呈现增大的趋势，当振幅低于 1% 时，tanδ 上升比较缓慢，当振幅为 1%～10% 时，tanδ 出现一个平坦区，当振幅从 10% 增大到 400% 后，复合材料的 tanδ 急剧上升。图 5-69（b）为不同絮凝剂絮凝的混炼胶复合材料的储能模量 G' 随剪切应变的变化。随着振幅增大到 1% 时，G' 有一个逐渐降低的趋势，当振幅增大到 10% 时，G' 曲线较为平坦，下降趋势减小，当振幅持续增大，G' 曲线急剧下降，这是一种非线性行为，称为 Payne 效应。与 H_2SO_4 和 $Mg(NO_3)_2$ 相比，$KAl(SO_4)_2$ 和 $MgCl_2$ 絮凝剂制备的复合材料的 Payne 效应较弱，说明层状颗粒的团聚-脱团过程减弱，层状颗粒在 $KAl(SO_4)_2$ 和 $MgCl_2$ 絮凝的橡胶基体体系中具有较好的分散性能。结果表明，橡胶链能有效地分离出高岭石层状结构，并与聚合物分子发生强烈的相互作用，从而降低了层状颗粒的团聚-脱团过程，增加了交联密度，减弱了 Payne 效应。结果与交联密度和平均分子量数据吻合较好。

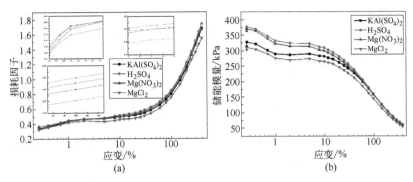

图 5-69　不同絮凝剂制备混炼胶 tanδ（a）和 G'（b）对应变依赖性

（2）高岭石粒度对复合材料动态模量与振幅的影响

图 5-70（a）为不同粒径的高岭石填充的混炼胶复合材料的损耗因子 tanδ 随剪切应变的变化。可以看出随着振幅的增大 tanδ 呈现增大的趋势，当振幅低于 2％时，tanδ 上升比较缓慢；当振幅为 2％～10％时，tanδ 出现一个平坦区，且 tanδ 值区分较明显，粒径较大的高岭石 tanδ 值也较大；当振幅从 10％增大到 400％后，复合材料的 tanδ 急剧上升，在振幅为 100％时 tanδ 值区分不明显。图（b）为不同粒径的高岭石填充的混炼胶复合材料的储能模量 G' 随剪切应变的变化。复合材料的 G' 值随着高岭石粒径大小在整个剪切应变幅度范围内的减小而总体呈上升趋势，这说明在均匀分散的条件下，高岭石粒径的减小对复合材料有明显的增强作用。随着剪切应变的增加，整个复合材料的 G' 值均显著降低，这是一种非线性行为的 Payne 效应，能够反映填料的网络结构。用粒径较小的高岭石填充丁苯橡胶，Payne 效应更为明显。高岭石粒径的减小导致橡胶基体中填料单位体积分数的比表面积和表面积能的增加，增强了层状颗粒间的相互作用和团聚-脱团过程，表明有必要对其进行改性，以改善其分散性橡胶基质中的填料。

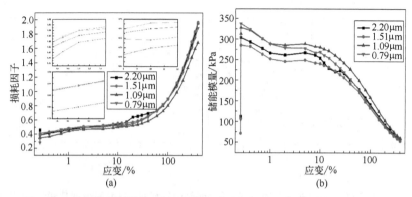

图 5-70　不同高岭石粒度填充混炼胶 tanδ（a）和 G′（b）对应变依赖性

（3）高岭石填充份数对复合材料动态模量与振幅的影响

图 5-71（a）为混炼胶中填充了不同份数高岭石的复合材料损耗因子 tanδ 随振幅的变化情况。可以看出随着振幅的增大 tanδ 呈现增大的趋势，当振幅低于 1％时，tanδ 上升比较缓慢，且随着填充份数的增加，tanδ 呈现减小趋势；当振幅为 1％～10％时，tanδ 出现一个平坦区，tanδ 值区分较明显；当振幅从 10％增大到 400％后，复合材料的 tanδ 急剧上升，在振幅为 100％时 tanδ 值区分不明显。图（b）为混炼胶中填充了不同份

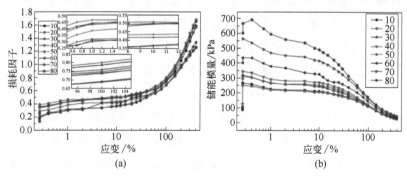

图 5-71　不同填充份数高岭石填充混炼胶 tanδ（a）和
G′（b）对应变依赖性

数高岭石的复合材料的 G' 值随剪切应变的变化。在 $10 \sim 40$ 份范围内 G' 值缓慢增加，随高岭石从 40 份添加到 80 份，G' 值在整个剪应变幅度范围内显著增加。这是高岭石颗粒与橡胶链之间的相互作用以及高岭石颗粒对分子链运动的较强限制所致。随着高岭石含量的增加，制备的复合材料的 Payne 效应有增强的趋势，说明复合体系中高岭石颗粒的单位体积分数增加，使得填料颗粒的团聚-脱团聚作用增强。

（4）高岭石表面性质对复合材料动态模量与振幅的影响

图 5-72（a）为混炼胶中填充了不同改性剂改性高岭石的复合材料损耗因子 tanδ 随振幅的变化情况。可以看出随着振幅的增大 tanδ 呈现增大的趋势，且在整个剪应变幅度范围内 tanδ 值区分并不明显。当振幅低于 2% 时，tanδ 上升比较缓慢；当振幅为 2% ~ 10% 时，tanδ 出现一个平坦区，KH-560 改性的复合材料 tanδ 值上升较大；当振幅从 10% 增大到 400% 后，复合材料的 tanδ 急剧上升。图（b）为混炼胶中填充了不同改性剂改性高岭石的复合材料储能模量 G' 随振幅的变化情况。随着振幅增大到 2% 时，G' 有一个逐渐降低的趋势，当振幅增大到 10% 时，G' 曲线较为平坦，下降趋势减小，当振幅持续增大，G' 曲线急

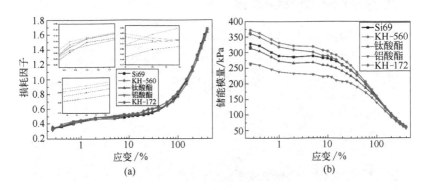

图 5-72　不同改性高岭石填充混炼胶 tanδ（a）和 G'（b）对应变依赖性

剧下降。不同改性剂之间在整个振幅变化范围内 G' 值的下降程度不同，铝酸酯改性后的复合材料 G' 值下降较小，而 KH-560 和 KH-172 的 G' 值在整个剪应变幅度增加范围内下降较为显著，呈现出较强的 Payne 效应。与 KH-560 和 KH-172 相比，铝酸酯改性的复合材料的 Payne 效应较弱，说明层状颗粒的团聚-脱团过程较弱。

5.7.3　高岭石/橡胶复合材料的动态生热机理

高岭石经过改性后，在橡胶基体中的分散状态主要是以堆叠的片层聚合体形式和片层单体形式存在（图 5-73）。橡胶分子被吸附在高岭石的片层结构单体的表面，形成主要部分的结合橡

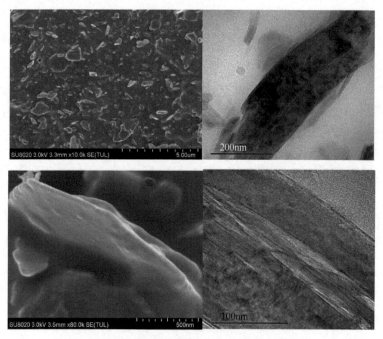

图 5-73　高岭石丁苯橡胶复合材料电镜图

胶；其次在片层聚集体之间、片层单体之间以及聚集体和单体之间也吸附分布着橡胶分子，这部分橡胶相当于圈闭在层状结构之间；同时高岭石的颗粒聚集体中以及聚集体间还会形成少量的吸留橡胶，相对增加了填料的体积分数。高岭石片层结构主要以多节点的形式与橡胶大分子链段相互作用。

在填充橡胶体系中，填料粒子聚集的驱动力来源于填料和聚合物表面能和表面性质的差异。从热力学的观点来看，填料和聚合物表面能之间的差异越小或趋于相同，则填料粒子在体系中的分散状态越稳定，网络化的程度越低。因此，填充体系中填料的表面性能是影响填料-填料以及填料-聚合物相互作用的主要因素，对于体系中填料的分散状态和网络结构化具有重要的影响。填料的聚集体状态以及网络结构化对于橡胶材料的动态性能起着关键的作用。而填料的聚集则与其热力学行为相关，其驱动力的来源为由填料的表面能和表面特性决定的填料-填料和填料-橡胶基体的相互作用。高岭石的填料网络化主要是颗粒聚集体之间的直接接触所致，当应变达到一定的水平，这种网络就会被迅速地打破。作者认为填料网络的形成一方面是填料颗粒之间的直接接触所致；另一方面网络结构的形成是在高岭石片层结构的表面产生一定厚度的橡胶壳。

对于高岭石颗粒通过直接接触形成的网络（填料-填料相互作用），填充体系在特定温度下应变过程中的能量损耗主要是填料网络在应变过程中的打破和重建造成的；而在体系随温度的变化过程中，在较高温度下（橡胶态），由于体系中分子的热运动较强，填料聚集体网络间颗粒的相互摩擦是产生能量损耗的主要机理；当温度降到转变区后，体系进入高滞后损耗的状态，由于填料网络结构中包覆了一定量的橡胶，因此聚合物基体的实际体积分数下降，填料的网络聚集状态反而会降低体系在此区域的滞后损耗。当橡胶壳带处于玻璃态而橡胶基体处于转变区的状态时，填料网络橡胶壳带的橡胶起到填料的作用，使得橡胶基体的实际体积分数下降，因此填料网络的发达会使损耗能量降低。随着温度的升高，当橡胶基体处于橡胶态而橡胶壳带的橡胶由于填料与橡胶分子链段的作用仍然处于转变区的状态时，壳带内橡胶分子链段会吸收较多的能量从而增加滞后损耗，填料网络越发达，壳带内的橡胶越多，则在此温度区域范围的滞后损耗也越大。当温度继续升高后，壳带内的橡胶分子链段活动能力增强，模量和黏度下降，滞后损失也随之降低。

因此，在高岭石/橡胶复合材料体系中，填料聚集和网络结构的形成存在两种机理，即填料粒子直接接触机理和填料表面橡胶壳机理。这两种机理对填料网络结构的形成都起到一定程度的作用。这两种机理以及由它们形成的网络在体系中所占的程度取决于高岭石填料的参数（粒度、表面性质和微观结构等）以及填充的份数。填充橡胶复合材料的滞后损耗要在不同的温度下取得良好的平衡，即在低温下高滞后而在高温下低滞后，其满足的条件是体系中填料的网络化程度应较低，同时应尽量降低填料颗粒直接接触形成的网络。最好的方式是：在保证高岭石颗粒具有微纳米尺度（纳米效应）的基础上，对高岭石进行表面改性，从而降低高岭石和橡胶基体的表面差异；在今后的工作中，将对高岭石（尤其是煤系高岭石）二维片层进行高效构筑和功能化修饰，在充分解离的高岭石二维片层表面负载有机功能化基团或离子化合物，促进高岭石片层结构与橡胶分子链段的相互作用。

第 **6** 章

高岭石/橡胶复合材料的
阻隔性能研究

橡胶材料由于自身的特性,气体在压力的作用下会慢慢透过聚合物层产生泄漏,因此,单纯的橡胶材料具有透气性,气体阻隔性能较差。提高橡胶材料的气密性主要有两种方法:一种是采用高性能的特种橡胶,例如丁基橡胶(IIR)或经过化学改性的天然橡胶,但是特种橡胶的价格高昂,对于内胎这种大量使用的橡胶材料成本太高;另一种方法是在橡胶基体中填充一些填充剂来提高橡胶材料的气密性,这种方法比较廉价。高岭石是具有层状结构的铝硅酸盐黏土矿物,当均匀分散到橡胶基体中后,其片层结构相对于传统填料的球形结构对气体的阻隔性能非常有利,因此,会赋予复合材料优异的气体阻隔性能。高岭石的片层结构提高橡胶材料的气密性主要原因有两点:首先层状结构会延长气体分子在橡胶基体中的扩散路径,其在橡胶基体中均匀分散后,片层结构具有各向异性,在橡胶基体受到外力作用时会定向平行排列,平行排列的片层结构使橡胶分子链的活动受到限制,同时气体分子在橡胶基体中扩散时必须绕过这些片结构,从而有效延长了气体分子的扩散路径;其次是高岭石的片层结构有效充填了橡胶复合材料的孔隙而增加了密实度,减少了材料中的自由体积,再加上黏土片层的异相成核作用增大结晶相,减少了无定形相的体积,增大扩散分子的曲折途径而减少扩散。正因为这些结构特点,才使得橡胶/高岭石复合材料在气体阻隔性能方面具有优异的表现。因此,其可以广泛应用于轮胎的内胎、内衬层、气囊、胶管、电缆电线等橡胶制品中。

6.1 实验部分

6.1.1 实验原料

实验原料见表 6-1。

表 6-1 实验原料

材料与试剂名称	型号	产地
丁苯橡胶	SBR-1500E	江苏南通申化化工有限公司
溴化丁基橡胶	BIIR	
高岭石	K	枣庄三兴高新材料有限公司
白炭黑(PS)	36-5	吉林通化双龙集团化工有限公司
炭黑(CB)	N330	天津海豚炭黑有限公司

6.1.2 测试原理及方法

橡胶材料的气体阻隔性能以硫化胶的透气系数（透气率）Q来衡量。透气系数（透气率）Q是指在标准温度和标准压力的稳定状态下，硫化剂经受单位压差和受控温度作用时，单位立方体密实橡胶的两个相对表面之间透过的气体体积速率。

橡胶材料的透气系数的测试原理是在保持恒温的透气室模腔内，将圆盘形的试样放置在上下测试腔体（高压侧和低压侧）之间。然后将高压侧连接到一个恒压气体贮存器或保持恒压的气体装置上，让气体向低压侧渗透，然后通过监测装置测量出由气体渗透引起的体积变化。

6.1.3 实验设备

本实验所用的仪器为济南兰光机电技术有限公司生产的 VAC-V1 型压差法气体渗透仪。如图 6-1 所示，其由真空泵、透气室（高压侧和低压侧）、测试装置和软件组成。

图 6-1 气体渗透仪

测试范围：$0.1 \sim 100000 cm^3 / (m^2 \cdot 24h \cdot 0.1MPa)$ （常规体积）；

控温范围：室温～50℃；真空分辨率：0.1MPa；

试验压力：$-0.1 \sim +0.1$MPa；气源压力：$0.4 \sim 0.6$MPa；

试样尺寸：$\phi 97mm$，测试面积为 $38.46 cm^2$（70mm 直径）。

试验开始之前，用乙醇清洁待测样品的表面，并在干燥器中充分干燥。然后将处理好的试样放置在上下测试腔体之间，夹紧。首先对低压腔体（下腔）进行真空处理，然后对整个系统抽真空，抽真空的时间为 12h，当达到规定的真空度后，关闭测试下腔。然后向测试上腔（高压腔）充入一定压力的试验气体，并保证在试样两侧形成一个恒定的压差（可调），这样气体会在压差梯度的作用下，由高压侧向低压侧渗透，通过对低压侧内压强的监测处理，得出所测试样的渗透量。然后采用测厚仪均匀采集样品测试区域六个不同的点的厚度，将测试得到的透气量数据代入公式从而得到样品的透气率。

6.1.4　透气系数的计算

橡胶材料的气体透过性主要是指空气、氢、氦、氮、氧及二氧化碳等气体的透过性。气体透过橡胶材料的过程为：首先气体分子溶解在这些空隙里，然后气体分子因其浓度差而从浓度高处向浓度低处扩散，如图 6-2 所示，最后气体在橡胶薄膜的另一侧逸出。因此橡胶的低分子的透过性，主要取决于气体在橡胶中的溶解和扩散。

在扩散气体的浓度甚低，扩散系数不依赖于浓度而变化的情况下，气体浓度不随时间而变化，气体呈稳态扩散时，根据菲克定律，气体的透过量 q 可由下式计算：

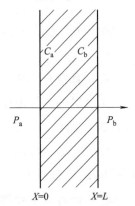

图 6-2　气体透过薄膜示意图

$$q = D \frac{C_a - C_b}{L} At \qquad (6-1)$$

式中　D——扩散系数，cm^2/s；

$\quad\quad C_a$——薄膜 $X=0$ 处的气体密度；

C_b——薄膜 $X=L$ 处的气体密度；

A——气体透过薄膜的面积；

t——气体透过薄膜的时间；

L——薄膜的厚度。

而薄膜内的气体浓度 C 与相应平衡气体压力 P 的关系，根据亨利定律应为：

$$C=SP \qquad (6-2)$$

式中，S 为气体的溶解系数。

从式（6-1）和式（6-2）可以看出，气体扩散量与穿过薄膜对面的气体压差之间的关系为：

$$q=Q\frac{P_a-P_b}{L}At \qquad (6-3)$$

式中　Q——透气系数，为扩散系数和溶解系数的乘积；

P_a——$X=0$ 处的气体压力；

P_b——$X=L$ 处的气体压力。

根据以上原理公式，本实验将经过渗透仪测试的数据进行线性拟合，然后考虑到试样的厚度和面积，代入计算公式：

$$Q=\frac{q\times b}{At\Delta P} \qquad (6-4)$$

式中　b——样品的测试区域均匀采集的六个不同点厚度值的平均值；

A——测试仪器的固定参数，为 $38.46cm^2$；

q——测试仪器测得的数据。

本实验测试温度为 $40℃$。

同时若纯橡胶的透气率为 Q_0，填充橡胶的为 Q，则相对透气率为

$$R_P=Q/Q_0 \qquad (6-5)$$

6.2 软质高岭石填充橡胶复合材料的气体阻隔性能

6.2.1 高岭石粒度的影响

将不同粒度的高岭石经过相同的改性剂改性后，按相同的填充量填充到 SBR 橡胶基体中，改性剂为 M-6 改性剂，高岭石的填充量为 50 份。

图 6-3 为填充 SBR 复合材料的气密性曲线图。从图中可以看出，高岭石的加入显著改善了 SBR 橡胶材料的气体阻隔性能。同时，随着高岭石粒度的减小，填充复合材料的透气率和相对透气率逐渐降低。表 6-2 为不同粒度的高岭石填充 SBR 复合材料的透气率和相对透气率。从表中可以看出，K4 高岭石样品填充的复合材料的透气率和相对透气率最低，分别为 $5.25 \times 10^{-17}\,\mathrm{m/(Pa \cdot s)}$ 和 0.46。

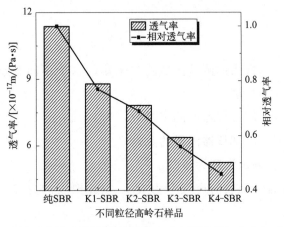

图 6-3 不同粒度高岭石样品填充 SBR 复合材料的透气率和相对透气率

表 6-2 不同粒度的高岭石填充 SBR 复合材料的透气率和相对透气率

高岭石填充 SBR 复合材料	粒度范围 $d_{(0.5)}/\mu m$	透气率 Q /$[\times 10^{-17} m/(Pa \cdot s)]$	相对透气率 R_P
纯 SBR	—	11.37	1
K1-SBR	6.489	8.79	0.77
K2-SBR	3.735	7.82	0.69
K3-SBR	1.933	6.38	0.56
K4-SBR	0.649	5.25	0.46

表 6-3 为不同粒度的高岭石填充 BIIR 复合材料的透气率和相对透气率，图 6-4 为填充 BIIR 复合材料的气密性曲线图。纯 BIIR

表 6-3 不同粒度的高岭石填充 BIIR 复合材料的透气率和相对透气率

高岭石填充 BIIR 复合材料	粒度范围 $d_{(0.5)}/\mu m$	透气率 Q /$[\times 10^{-17} m/(Pa \cdot s)]$	相对透气率 R_P
纯 BIIR	—	0.23	1
K1-BIIR	6.489	0.219	0.95
K2-BIIR	3.735	0.212	0.92
K3-BIIR	1.933	0.195	0.84
K4-BIIR	0.649	0.159	0.69

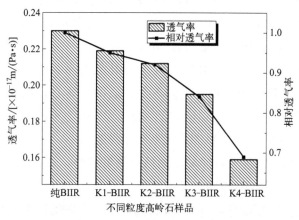

图 6-4 不同粒度高岭石样品填充 BIIR 复合材料的透气率和相对透气率

的气密性非常好。高岭石的加入使 BIIR 复合材料的气密性具有一定程度的降低，但是降低的幅度有限，只有 5% ~ 30% 左右；与填充 SBR 复合材料的变化规律相同，BIIR 复合材料的气密性也随着高岭石粒度的减小而降低，但是高岭石的粒度在较大水平上时，透气率随粒度减小的降低程度不是很明显，当高岭石粒度在几百纳米时，气体阻隔性能有了相对较大的提高。

上述四种高岭石样品，以粒度最细的高岭石填充的 SBR 复合材料的气体阻隔性能最优。其主要原因是高岭石样品填充到橡胶基体中后，随着颗粒粒度的降低，基体中单位体积内高岭石的片层结构数量增多，同时高岭石颗粒的形状系数增大，从而使气体在基体中穿过单位厚度的薄膜层扩散时，需要绕行更长的路径，因此，填充复合材料的透气率和相对透气率更低，更好地改善了橡胶复合材料的气体阻隔性能。

6.2.2 高岭石表面性质的影响

利用不同的改性剂改性高岭石表面从而使高岭石具有不同的表面性质，然后将改性样品填充到 SBR 复合材料中，研究分析了填充复合材料的透气率和相对透气率。高岭石样品为同批次的 K4 样品，填料的添加量均为 50 份。

从图 6-5 不同改性高岭石填充 SBR 复合材料的透气率和相对透气率曲线图上可看出，不同表面性质的高岭石样品均有效地改善了 SBR 复合材料的气体阻隔性能。表 6-4 为不同改性剂改性高岭石填充 SBR 复合材料的透气率和相对透气率。从表中可以看出，改性剂 M6 和 M4 改性高岭石的填充效果较好，SBR 复合材料的透气率和相对透气率较低，其透气率分别为 $5.25 \times 10^{-17} \mathrm{m/(Pa \cdot s)}$ 和 $5.78 \times 10^{-17} \mathrm{m/(Pa \cdot s)}$；而改性剂 M5 改性的高岭石填充的复合材料的气体阻隔效果最差，其透气率和相对透气率分别为

$7.82 \times 10^{-17}\,\mathrm{m/(Pa \cdot s)}$ 和 0.69。M1、M2 和 M3 这三种改性剂的改善效果相差不是很大，其透气率分别为 $6.01 \times 10^{-17}\,\mathrm{m/(Pa \cdot s)}$、$6.41 \times 10^{-17}\,\mathrm{m/(Pa \cdot s)}$ 和 $6.77 \times 10^{-17}\,\mathrm{m/(Pa \cdot s)}$。

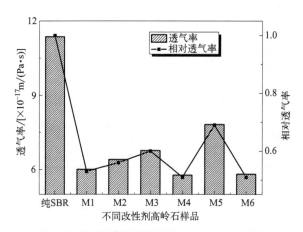

图 6-5　不同改性剂改性高岭石样品填充 SBR 复合材料的气密性

表 6-4　不同改性剂改性高岭石填充 SBR 复合材料的透气率和相对透气率

高岭石填充 SBR 复合材料	透气率 $Q/[\times 10^{-17}\,\mathrm{m/(Pa \cdot s)}]$	相对透气率 R_P
纯 SBR	11.37	1
M1-SBR	6.01	0.53
M2-SBR	6.41	0.56
M3-SBR	6.77	0.60
M4-SBR	5.78	0.51
M5-SBR	7.82	0.69
M6-SBR	5.25	0.46

　　如表 6-5 所示，不同改性高岭石填充到 BIIR 复合材料后，复合材料的气密性有了一定程度的提高。从图 6-6 中 BIIR 复合材料的气密性曲线图上可以看出，不同改性剂改性的高岭石对 BIIR 复合材料的气体阻隔性能的改善效果差异不是很明显，M6、M1 和 M4 改性剂的效果相对较好，相对透气率分别为 0.69、0.70 和

0.71，透气率降低了 30％左右，而 M5 的效果相对较差一些，但是和其余的改性剂的效果差距也不是很大，均在 25％左右。

表 6-5　不同改性剂改性高岭石填充 BIIR 复合材料的透气率和相对透气率

高岭石填充 BIIR 复合材料	透气率 $Q/[\times 10^{-17} \text{m}/(\text{Pa} \cdot \text{s})]$	相对透气率 R_P
纯 BIIR	0.23	1
M1-BIIR	0.162	0.70
M2-BIIR	0.173	0.75
M3-BIIR	0.169	0.73
M4-BIIR	0.163	0.71
M5-BIIR	0.179	0.78
M6-BIIR	0.159	0.69

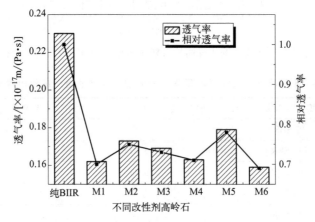

图 6-6　不同改性剂改性高岭石样品填充 BIIR 复合材料的气密性

上述改性剂中以 M6 的效果最佳，但是总体上来说，高岭石表面性质的差异对复合材料气体阻隔性能的提高程度并没有太多的区分度。在 SBR 复合材料中，效果比较明显，透气率的降低程度在 40％～50％左右；而在 BIIR 复合材料中，效果相对较小，透气率降低了 20％～30％左右。填料表面性质的差异决定了填料与橡胶基体相互作用的强度，因此，从上述数据看，填料与橡胶基体的作用结合强度对橡胶材料的气体阻隔性能具有一定的影响，但是影响的区分度不大，同时 SBR 和 BIIR 在结构上的差异，也使高岭石的阻隔效果不同。具体的分析将在 6.3 节详细讨论。

6.2.3 高岭石填充份数的影响

从图 6-7 高岭石填充份数对 SBR 复合材料的透气率和相对透气率的影响曲线中可以看出，在 SBR 复合材料体系中，高岭石填充份数的多少对于复合材料的气体阻隔性能具有明显的影响。随着填充份数的增加，SBR 复合材料的透气率和相对透气率不断下降，当填充份数达到 80 时，SBR 复合材料的透气率和相对透气率最低，分别为 4.4610^{-17} m/(Pa·s) 和 0.39，透气率降低了 61%（表 6-6）。同时随着填充份数的增加，复合材料透气率的变化还具有一定的规律：在填充份数较少时（20～40），透气率降低的程度较小；在填充份数从 40 达到 60 时，复合材料的透气率降低程度较大；而填充份数从 60 增加到 80，透气率的降低程度又不是很明显。

表 6-6　不同填充份数高岭石填充 SBR 复合材料的透气率和相对透气率

高岭石填充 SBR 复合材料	透气率 $Q/[\times10^{-17}\text{m}/(\text{Pa·s})]$	相对透气率 R_p
纯 SBR	11.37	1
MK-20-SBR	8.142	0.72
MK-30-SBR	8.08	0.71
MK-40-SBR	7.58	0.67
MK-50-SBR	5.25	0.46
MK-60-SBR	5.52	0.47
MK-70-SBR	4.57	0.40
MK-80-SBR	4.46	0.39

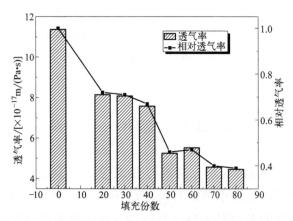

图 6-7　不同填充份数高岭石填充 SBR 复合材料的气密性

　　从图 6-8 中可以看出，不同填充份数的高岭石填充到 BIIR 复合材料中后，复合材料的气密性变化规律与 SBR 材料具有一定的差异。首先，随着高岭石填充份数的增加（20~30），BIIR 复合材料透气率明显有一个降低的过程；但是在填充份数从 40 增加到 60 时，复合材料气密性提高的幅度不大，在填充份数为 60 时，填充 BIIR 材料的气密性最好，透气率和相对透气率分别

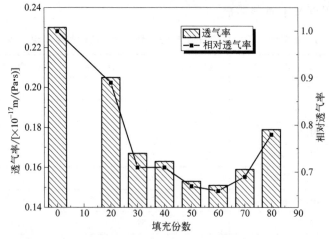

图 6-8　不同填充份数高岭石填充 BIIR 复合材料的气密性

为 $0.151 \times 10^{-17}\,\mathrm{m/(Pa \cdot s)}$ 和 0.66（表 6-7）；然而当填充份数继续增加时，填充 BIIR 材料的透气率有一个明显升高的趋势，材料的气密性变差。

表 6-7 不同填充份数高岭石填充 BIIR 复合材料的透气率和相对透气率

高岭石填充 BIIR 复合材料	透气率 $Q/[\times 10^{-17}\,\mathrm{m/(Pa \cdot s)}]$	相对透气率 R_P
纯 BIIR	0.23	1
MK-20-BIIR	0.205	0.89
MK-30-BIIR	0.167	0.73
MK-40-BIIR	0.163	0.71
MK-50-BIIR	0.153	0.67
MK-60-BIIR	0.151	0.66
MK-70-BIIR	0.159	0.69
MK-80-BIIR	0.179	0.78

上述现象主要与填料的体积效应和填料在基体中的阻隔单元——阻隔效应相关。高岭石填充到橡胶基体中后，其阻隔单元有效延长了气体在基体中的扩散路径。在填充份数较小时，填充份数的增加其阻隔效应并不明显；当填充量达到一定程度时，填料的阻隔效应显著增大，同时橡胶在填料片层结构间的吸附也间接增大了填料的填充份数。因此，复合材料的透气率明显降低，然而当填量继续增大时，高岭石的片层结构颗粒发生团聚，形成低形状系数的次级结构，在橡胶基体中的分散度降低，有效的阻隔单元并没有增加。此时，对气密性的主要影响是体积效应，因此，复合材料的气密性不再随着填充份数的增加而有明显的变化。同时，相对 SBRC 材料，高岭石对 BIIR 材料的改善效果较低，而且当填充份数较大时，BIIR 复合材料的气密性反而降低。其机理原因将在 6.3 节详细讨论。

6.2.4 填料结构的影响

传统的填料炭黑和白炭黑都是具有球形结构的填料，而高岭石是具有片层结构的无机填料。本实验分别将高岭石、炭黑和白炭黑填充到橡胶基体中，分析了不同结构类型填料对橡胶材料气体阻隔性能的影响。

从图 6-9 可以看出，将高岭石和炭黑、白炭黑以相同的填充份数（50 份）填充到 SBR 基体中后，不同结构填料填充的复合材料的透气率具有明显的区别。高岭石填充的复合材料气密性最好，其次为炭黑填充的，白炭黑填充的效果最差，三者的透气率为 5.25×10^{-17} m/(Pa·s)、6.03×10^{-17} m/(Pa·s) 和 8.03×10^{-17} m/(Pa·s)，相对于 SBR 纯胶，分别降低了 54%、47% 和 33%（表 6-8）。从上面结果可知，在相同的填充量下，填料结构的差异对橡胶材料的气密性具有明显的影响，相比于传统的填料，具有片层结构的高岭石更好地改善了橡胶材料的气密性。

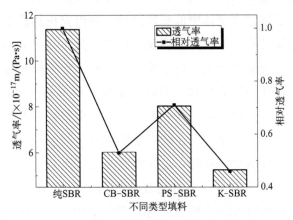

图 6-9 不同类型的填料填充 SBR 复合材料
的透气率和相对透气率

高岭石表面修饰及其在橡胶中的应用

表 6-8　不同类型的填料填充 SBR 复合材料的透气率和相对透气率

高岭石填充 SBR 复合材料	透气率 $Q/[\times 10^{-17}\mathrm{m/(Pa \cdot s)}]$	相对透气率 R_P
纯 SBR	11.37	1
CB-SBR	6.03	0.53
PS-SBR	8.03	0.71
K-SBR	5.25	0.46

从图 6-10 中可知，将高岭石、炭黑（CB）和白炭黑（PS）填充到 BIIR 复合材料中后，高岭石和 PS 都明显提高了复合材料的气密性，但是两者的区别不大，其透气率分别为 $0.153 \times 10^{-17}\mathrm{m/(Pa \cdot s)}$ 和 $0.158 \times 10^{-17}\mathrm{m/(Pa \cdot s)}$，透气率分别降低了 33% 和 31%，高岭石填充的效果稍好；相比于高岭石和 PS，炭黑填充的复合材料改善效果并不明显，添加 50 份炭黑的复合材料透气率仅降低了 7%（表 6-9）。对于此种现象，有关学者认为这主要与 BIIR 的结构相关，SBR 的不饱和度较高，在靠近双键碳原子的 α-次甲基上有化学活性的氢，而丁基胶却缺乏这种化学活性的氢原子。因此，炭黑与 BIIR 基体的结合度不高，饱和吸附量较低，导致炭黑对 BIIR 的气密性贡献不大。

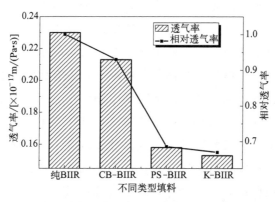

图 6-10　不同类型填料填充 BIIR 复合材料的气密性

高岭石填充 BIIR 复合材料	透气率 $Q/[\times 10^{-17}\text{m}/(\text{Pa}\cdot\text{s})]$	相对透气率 R_p
纯 BIIR	0.230	1
CB-BIIR	0.213	0.93
PS-BIIR	0.158	0.69
K-BIIR	0.153	0.67

6.3　高岭石/橡胶复合材料的气体阻隔模型及机理

6.3.1　高岭石填料的阻隔机理

　　填料对于橡胶填充体系气体阻隔性能的改善和贡献机理主要是体积效应和阻隔效应。

　　体积效应：根据自由体积理论，聚合物的体积包括自由体积和占有体积两部分，自由体积即为分子间的空隙，其以大小不等的空穴无规则地分布于聚合物中，为分子的自由运动提供了活动空间，同时也是气体在聚合物基体中的主要扩散途径。当填料填充到聚合物基体中后，有效填充了复合材料的空隙，增加了密实度，使聚合物基体的自由体积分数减小，占有体积分数增大，从而对气体在聚合物基体中扩散起到限制作用。

　　阻隔效应：填料具有一定的微观形状，当填料均匀分散到聚合物基体中后，其微观结构对气体分子具有不可透过性，气体分子在碰到填料颗粒时必然绕开，从而增加了气体分子在聚合物基体中的扩散路径。

　　这两种效应共同作用使得填充橡胶体系的气体阻隔性能提高

和改善，气密性降低。

填料对橡胶材料填充体系的影响因素比较复杂，张惠峰等研究分析了填料的填量、填料的长径比以及填料与橡胶的结合强度对橡胶填充体系气密性的影响，认为填料的填充份数和长径比（微观结构）是主要和直接的贡献因素。Choudalakis 等认为影响聚合物/层状硅酸盐复合材料气密性的因素主要有三个：填料的体积分数，填料在基体空间中的分布取向和填料的长径比。笔者通过对上面实验结果的分析研究，认为填料对于填充橡胶体系的气体阻隔性能主要有四个影响因素：

① 填料的粒度，其决定了填料颗粒的微观形貌和填料与橡胶基体的结合面积；

② 填料的有效体积分数；

③ 填料的微观形貌（形状系数）；

④ 一定填充份数的填料在橡胶基体中的分散状态。

其中，填料的体积分数以及微观形貌结构对于橡胶体系的气密性具有直接的影响，与之前的研究相符。填料的粒度大小主要决定了有效的阻隔单元的数目，这也可以归结到填料的有效填充份数上；填料在聚合物基体中的分散对于黏土等片层结构填料来说，分散情况的改善相当于降低了片层结构的厚度，增加了填料的径厚比，使填料的形状系数发生改变，体现在填料的微观结构这个因素上；而对于炭黑和白炭黑等球状结构填料来说，分散情况的改善主要是增大了填料的有效填充份数，而对于填料的形状系数没有太大的影响，因此主要体现在填料的填充量这一因素上。同时填料与聚合物基体间的结合强度也有一定的影响，但是作用比较复杂，这与填料的微观结构以及填料在聚合物基体中的分散都有一定程度的关系。

高岭石是具有纳米级片层结构的铝硅酸盐无机填料，其颗粒的微观结构具有一定的径厚比，形状系数比较大。首先高岭石颗粒的基本结构单元层为硅氧四面体层和铝氧八面体层结合组成，对于气体分子具有不可透过性，当气体分子碰到高岭石颗粒时必须绕开，增加了气体分子在橡胶基体中的扩散路径，从而有效填充了复合材料的空隙，降低了填充体系的自由体积分数，起到阻隔作用；其次，高岭石颗粒在橡胶基体中均匀分散后，其颗粒粒径在几十到几百纳米范围内，一定填量的情况下，单位体积内的有效阻隔单元的数目是非常可观的；最后，高岭石的表面经过表面改性剂修饰后，与橡胶分子的相容性得到改善，和橡胶基体具有一定的结合强度，高岭石的片层聚集体间以及片层聚集体和片层单体之间吸附有橡胶的分子链，形成部分吸留橡胶，也相当于增加了高岭石填料的有效体积分数，同时，高岭石的片层结构在基体中具有各向异性，在橡胶基体受到外力作用时会定向平行排列，进一步降低了填充橡胶体系的透气性，改善了橡胶材料的气体阻隔性能。

6.3.2　高岭石填充橡胶的气体阻隔模型

在对填料填充聚合物体系气体阻隔模型的建立过程中，影响聚合物体系气密性的因素比较多，增加了对其定量描述的困难。Nielsen 考虑了填料对气密性可以起到的最大阻隔作用，在一般模型的基础上得到了一个简单的半经验模型，虽然可以用来解释实验现象，但在与实验数据进行拟合的过程中，有时不能吻合；后来的研究工作者对此作了一些修正，但往往仅限于对实验现象的定性解释。张惠峰和张玉德等在 Nielsen 模型的基础上，对其进行了改进和完善。本节在实验分析的基础上，利用之前建立的模型基础，考察了填料的体积分数、填料的微观结构（形状系数）以及填料在橡胶基体中的分散状态对填充橡胶体系气密性的影响，并将理论模型的预测与实验结果相结合，深入详细地解释了填料尤其是高岭石片状填料的阻隔机理和影响因素。

(1) 基础模型和 Nielsen 模型

气体在聚合物中的渗透系数 P（Permeability）取决于扩散系数 D（Diffusivity）和溶解系数 S（Solubility）。三者的关系为：

$$P = DS \qquad (6\text{-}6)$$

当高岭石填料填充到橡胶体系中后，其片层结构对于气体在橡胶体系中的溶解系数和扩散系数都有不同程度的影响。假定填充后气体在填充体系中的溶解系数为 S_f，则 S_f 服从下面的方程式：

$$S_f = S_0(1 - \phi_f) \qquad (6\text{-}7)$$

其中 S_0 为气体在纯橡胶体系中溶解系数，ϕ_f 为填料的体积分数。

填料填充到橡胶基体中后，作为阻隔单元对气体具有不可渗透性，从而延长了气体分子的扩散路径，扩散路径的延长可以用弯曲因子 f 来表示，

$$f = \frac{d_f}{d} \qquad (6\text{-}8)$$

其中 d_f 为气体分子在橡胶膜片中实际经过的路径，d 为橡胶膜片的厚度，弯曲因子主要与填料的体积分数、填料的形状系数（径厚比 α）以及填料在橡胶基体中的空间取向相关。

则气体分子在填充橡胶体系中的扩散系数为：

$$D_f = D_0 / f \qquad (6\text{-}9)$$

其中 D_0 为气体分子在纯橡胶体系中的扩散系数。

则气体在填充橡胶体系中的渗透系数为：

$$P_f = D_f S_f = (1 - \phi_f) S_0 D_0 / f = P_0(1 - \phi_f) / f \qquad (6\text{-}10)$$

由上面的方程式可得相对透气率 R_P 为：

$$R_P = (1 - \phi_f) / f \qquad (6\text{-}11)$$

以上为气体在聚合物中的一般渗透模型，这是一个基础模型，考虑的因素比较模糊。填料填充到聚合物体系中后，假设填料完全不能使气体透过，则气体分子在碰到填料粒子时必然绕开，因此延长了气体分子通过材料的路径，此为阻隔效应；另外填料的加入降低了聚合物的体积分数，此为体积效应。这两个因素都会使填充气密性降低。

Nielsen、Barrer 等将填料颗粒假想为矩形体或圆盘体片层均匀分散在聚合物基体中，而且其在空间的取向方向平行于聚合物膜片的表面，以这种理想状态来描述气体分子在填充聚合物体系中的渗透路径，从而在基础模型上建立了 Nielsen 模型，如图 6-11 所示。

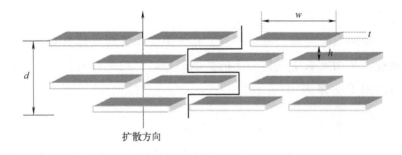

图 6-11　气体分子在填充聚合物基体中渗透模型

假定片层的宽度为 w，厚度为 t，则片层粒子的形状系数为宽厚比 α，同时分散片层之间的距离为 h，则

$$N_P = d/(t+h) \tag{6-12}$$

则气体分子在填充聚合物基体中绕行的路径 d_a 为：

$$d_a = N_P \frac{w}{2} = \frac{d}{(t+h)} \frac{w}{2} \tag{6-13}$$

同时，在橡胶基体中，单个片层结构所占的空间体积与填料体积分数的关系为：

$$\pi\left(\frac{d_p+s}{2}\right)^2(t+h)=\frac{\pi\left(\frac{d_p}{2}\right)^2 t}{\phi_f}$$

则气体分子在填充聚合物基体中所扩散的实际距离为：

$$d_f=d_a+d$$

从而得到弯曲因子 f 为：

$$f=\frac{d_f}{d}=\frac{\dfrac{d\phi_f}{t}\dfrac{w}{2}+d}{d}=1+\frac{w}{2t}\phi_f \qquad (6\text{-}14)$$

同时，将方程式（6-14）代入到式（6-11）中，得到填充聚合物体系的相对透气率为：

$$R_P=\frac{P_f}{P_0}=\frac{1-\phi_f}{1+(w/2t)\phi_f} \qquad (6\text{-}15)$$

从上面的方程式和推导过程可以看出，在 Nielsen 模型的描述中，填充体系的透气系数与填料的形状系数（$\alpha=w/t$）以及填料的填充份数相关，但是，由于填料粒子的团聚，该模型只是在填充份数小于 10% 时才具有准确有效的预测。在实际的情况中，填料粒子在基体中分散后粒子结构之间具有一定的空隙，而且粒子在基体的空间分布和取向上是无规则排列，同时粒子与聚合物基体的作用也很复杂。因此，Nielsen 模型可以在理想的状态下描述填料对于聚合物填充体系的阻隔贡献，还有一定的改进和完善空间。

（2）高岭石填料阻隔模型

由于本书以高岭石片层结构讨论为主，其片层粒子可以等效为圆盘状片层结构，因此下面的模型完善推导中主要讨论圆盘状片层粒子。则方程式（6-14）变为

$$f=1+(d_p/2t)\phi_f \qquad (6\text{-}16)$$

其中 d_p 为高岭石片层的平均直径。则填充橡胶体系的相对

透气率为：

$$R_{\mathrm{P}} = \frac{P_{\mathrm{f}}}{P_0} = \frac{1 - \phi_{\mathrm{f}}}{1 + (d_{\mathrm{p}}/2t)\phi_{\mathrm{f}}} \quad (6\text{-}17)$$

但是实际过程中，填料在聚合物基体中的分散以及与聚合物分子的作用要复杂得多。首先，Wakeham 和 Mason 考虑了在基体中两个片层结构之间也有狭缝，假设狭缝的距离为 s，则考虑到气体分子在狭缝中的绕行距离 $d_{\mathrm{s}} = \frac{s}{2}$，将其代入到方程式则分子的扩散弯曲路径 d_{α} 为：

$$d_{\alpha} = N_{\mathrm{p}}\left(\frac{d_{\mathrm{p}}}{2} + d_{\mathrm{s}}\right) = \frac{d}{t + h}\frac{d_{\mathrm{p}} + s}{2} \quad (6\text{-}18)$$

则填充体系的弯曲因子 f 为：

$$f = \frac{d_{\mathrm{f}}}{d} = \frac{d + d_{\alpha}}{d} = 1 + \frac{d_{\mathrm{p}} + s}{2(t + h)} \quad (6\text{-}19)$$

在此模型中，考虑到片层结构间夹缝的因素，则片层粒子的空间体积与填料的体积分数的关系式变为：

$$\pi\left(\frac{d_{\mathrm{p}} + s}{2}\right)^2 (t + h) = \frac{\pi\left(\dfrac{d_{\mathrm{p}}}{2}\right)^2 t}{\phi_{\mathrm{f}}} \quad (6\text{-}20)$$

简化为

$$(d_{\mathrm{p}} + s)^2 (t + h) = \frac{(d_{\mathrm{p}})^2 t}{\phi_{\mathrm{f}}} \quad (6\text{-}21)$$

将式（6-20）和式（6-21）联立从而得到弯曲因子的表达式为：

$$f = 1 + \frac{d_{\mathrm{p}}}{2t}\left(1 + \frac{s}{d_{\mathrm{p}}}\right)^3 \phi_{\mathrm{f}} \quad (6\text{-}22)$$

则高岭石填充复合材料的相对透气率可以表达为：

$$R_{\mathrm{P}} = \frac{1 - \phi_{\mathrm{f}}}{1 + \dfrac{d_{\mathrm{p}}}{2t}\left(1 + \dfrac{s}{d_{\mathrm{p}}}\right)^3 \phi_{\mathrm{f}}} \quad (6\text{-}23)$$

其次，高岭石颗粒填充到橡胶体系中后，片层粒子在填充基体中的空间取向也不是全部按与膜片平行方向排布，而是以不同的取向无规则分布于基体中，粒子的平行排布的取向只是实际情况中的一种。根据之前的研究，填料粒子在聚合物基体中的空间取向大致分为三种：第一种为平行于膜片表面；第二种是垂直于膜片表面；第三种是以任意角度与膜片表面斜交。因此，考虑到填料粒子的空间取向的因素，我们引入取向角 θ，其定义为高岭石粒子的排列方向与膜片表面平行方向的夹角，当 $\theta = 0°$ 时，粒子的片层结构平行于膜片的表面，当 $\theta = 90°$ 时，粒子的片层结构垂直于膜片的表面，如图 6-12 所示。

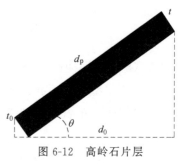

图 6-12　高岭石片层结构的空间取向角度

假设粒子的取向角度为 θ，则根据 Bharadwaj RK 的研究，引入空间取向度 L 来说明和描述高岭石片层结构在聚合物中的空间分布情况，L 的定义为：

$$L = (3\cos^2\theta - 1)/2 \tag{6-24}$$

则弯曲因子 f 的表达式可以变为：

$$f = 1 + \frac{d_p}{2t}\frac{2}{3}\left(L + \frac{1}{2}\right)\left(1 + \frac{s}{d_p}\right)\phi_f = 1 + \frac{d_p}{2t}\left(1 + \frac{s}{d_p}\right)^3 \phi_f \cos^2\theta \tag{6-25}$$

最后，在橡胶基体中，橡胶大分子链段被吸附在高岭石的单体片层间以及片层聚合体之间，这部分橡胶相当于圈闭在层状结构之间，形成少部分吸留橡胶，这部分橡胶具有填料的部分性质，其对于气体的渗透也具有一定的阻隔作用，从而相对增加了填料的实际体积分数。因此，本书还考虑了吸留橡胶的因素，引入聚合物片段固定因子 ξ，固定因子可以表示为填料在橡胶基体中实际体积分数与填料的填充体积分数的比值，可以反映橡胶基体中吸留橡胶的多少。其与填料阻隔形成的弯曲因子 f 共同构成了提高填充体系阻隔性能的影响因素。两者服从下面的公式：

$$\xi(\phi_f) = f\xi \qquad (6\text{-}26)$$

则渗透率可以表示为 $\quad P_f = P_0(1-\phi_f)/\xi f \qquad (6\text{-}27)$

将式（6-25）和式（6-27）联立可得填充体系的相对透气率为：

$$R_P = P_f/P_0 = \frac{1-\phi_f}{\xi f} = \frac{1-\phi_f}{1+\dfrac{d_p}{2t}\left(1+\dfrac{s}{d_p}\right)^3\phi_f\cos^2\theta}\frac{1}{\xi} \qquad (6\text{-}28)$$

式（6-28）即为高岭石片层粒子填充橡胶体系的相对透气率的最终表达模型，下面我们还利用模型描述球状颗粒的相对透气率，与我们建立的高岭石阻隔模型进行对比，解释填料的阻隔机理。

对于球状颗粒，弯曲因子 f 的表达式为：

$$f = \frac{D_f}{D_0} = \frac{1+\dfrac{\phi_f}{2}}{1-\phi_f} \qquad (6\text{-}29)$$

考虑到填料与橡胶的相互作用因素，再引入聚合物片段固定因子 ξ，由上式可得球状颗粒填充橡胶体系的相对透气率的表达式为：

$$R_P = \frac{1}{\xi}\frac{(1-\phi_f)^2}{1+\phi_f/2} \qquad (6\text{-}30)$$

表 6-10 为不同模型的对比，每种模型考虑的影响因素具有一定的差异，引入的影响因素逐次增加，考虑到了填充体系中填料的体积分数、径厚比、缝隙宽度以及空间取向度等因素。Nielsen 模型考虑了填料的径厚比和体积分数的影响；但是填料在基体中并不是理想的平行排列，Bharadwaj RK 模型则在此基础上考虑了片层结构空间取向的影响；笔者在此基础上考虑了片层结构中的缝隙宽度，从而建立了高岭石填充橡胶复合材料的气体阻隔模型。

表 6-10 不同气体阻隔模型的对比

模型	模型公式	影响因素
1. Sphericity 模型（Wayne R,1996）	$R_P = \dfrac{(1-\phi_f)^2}{1+\phi_f/2}$	ϕ_f
2. Nielsen 模型（Nielsen,1967）	$R_P = \dfrac{P_f}{P_0} = \dfrac{1-\phi_f}{1+(w/2t)\phi_f}$	ϕ_f 和 w/t
3. Bharadwaj RK 模型（Bharadwaj,2001）	$R_P = \dfrac{1-\phi_f}{1+\dfrac{d_p}{2t}\phi_f \cos^2\theta}$	$\phi_f, \theta, d_p/t$
4. 3D 模型（Zhang Yude,2007）	$R_P = \dfrac{1-\phi_f}{1+\dfrac{d_p}{2t}\left(1+\dfrac{s}{d_p}\right)^3 \phi_f}$	$\phi_f, s, d_p/t$
5. 3D 模型（笔者,2013）	$R_P = \dfrac{1-\phi_f}{1+\dfrac{d_p}{2t}\left(1+\dfrac{s}{d_p}\right)^3 \phi_f \cos^2\theta} \cdot \dfrac{1}{\xi}$	$\phi_f, s, d_p/t, \theta, \xi$

从 Sphericity 模型中可以看出，对于球状结构填料来说，模型预测的影响因素主要是填料的体积分数，而与填料的尺寸形状无关。因此球状结构的填料对填充体系的气体阻隔贡献有限，只能有限降低填充体系的气体渗透率。

而对于高岭石这种片状结构填料，从模型 5 中可以看出，填充体系的相对透气率不但与填料的体积分数和填料与橡胶分子的相互程度相关，还与填料的径厚比以及填料在橡胶基体中的空间取向相关。当填料在基体中分散状态一定时，随着填料体积分数的增加，填充体系的相对透气率不断减小；相对于球状结构填料，片层结构填料的形状系数很大，因此，相同体积分数的情况下，片层结构对于填充体系的阻隔更具有优越性，体系的相对透气率更低；当考虑到填料片层间的狭缝宽度时，填充体系的相对透气率与其呈负相关关系，这说明高岭石颗粒分散越均匀，相互间的分散间距越大时，填充体系的气体阻隔性能越好，当填料的体积分数过大时，填料颗粒会发生团聚，使其在橡胶基体中分散性下降，降低了填充体系的气体阻隔性；同时，高岭石片层结构在橡胶基体中分散后，片层颗粒的团聚会包裹束缚一部分橡胶链段，形成所谓的吸留橡胶，这部分橡胶被束缚在聚集体间具有相当于填料的性质，相当于增大了填料的体积分数，从而降低了填充体系的渗透率，改善了橡胶材料的气体阻隔性能。因此，根据以上因素分析，高岭土片状结构填料相对于传统的球状结构填料在阻隔贡献方面更有优势。

6.3.3 高岭石填充橡胶的气体阻隔模型的验证

在高岭石填充橡胶气体阻隔模型的验证中，由于高岭石粒子与橡胶大分子的相互作用程度无法提前定量描述，因此本模型计算中先将聚合物固定因子 ξ 定义为 1。模型中的计算值与实验中的测量值进行对比，验证模型的准确性。同时根据模型预测值与实际值的误差，来确定聚合物固定因子的值。

根据图 6-13 高岭石片层结构的 SEM 微观形貌观察，复合材料中高岭石样品的径厚比在 5～12 左右，选取高岭石的径厚比为 10，同时选定片层结构之间的缝隙和片层直径的比值为 0.1。高岭石在复合材料基体中的取向角分别选取 0°、30°、45°、60° 四个角度，代入公式。将模型预测值与实验值进行拟合比较，如

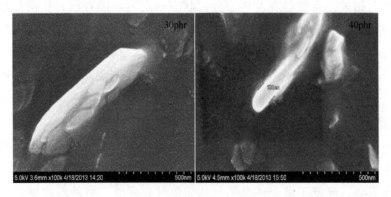

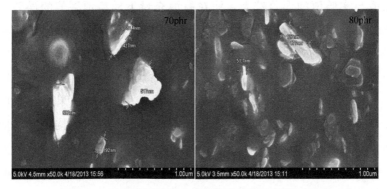

图 6-13 复合材料基体中高岭石片层结构的微观形貌

图 6-14。从图中可以看出，当取向角为 0°时，模型的预测值都低于实验值，这说明复合材料基体中高岭石的片层结构并不是理想的平行排列取向；当取向角为 30°时，模型在低填充量下的预

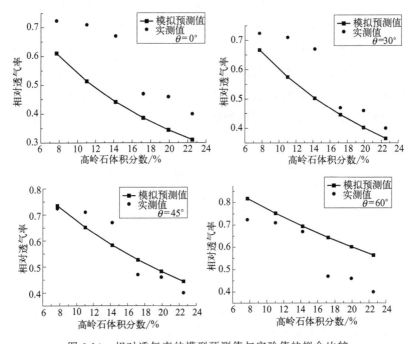

图 6-14 相对透气率的模型预测值与实验值的拟合比较

测值与实验值的误差较大，而在高填充量下模型预测值的误差则比较小，其与实验值非常接近；当取向角为 45°时，在低填充量下模型预测值的误差较小，而在高填充量下误差则较大。当取向角达到 60°时，模型的预测值都高于实验值，这说明高岭石片层结构在复合材料基体中的空间取向小于 60°。上述结果对比表明在复合材料基体中，当高岭石填充量较低时，片层结构的空间取向角度较大，而在高填充量下，片层结构的取向角度较小，趋向平行排列。通过上面的分析可以判定高岭石片层结构在基体中的空间取向角度在 30°～45°左右。

　　根据以上结果的分析对比，结合高岭石片层结构在基体中的 SEM 微观结构分析，本书将高岭石片层结构在低填充量下的空间取向角度定为 45°；而在高填充量下的空间取向角度为 30°。同时随着填充量的增加，高岭石填料的径厚比也会由于颗粒的团聚逐渐减小。表 6-11 为高岭石填充 SBR 复合材料的相对透气率的模型预测值与实验值的拟合对比。从中可以看出，随着填充量的增大，预测值和实验值的误差逐渐增大，因此模型公式中的结合因子具有增大的趋势，这是由于当高岭石的体积分数较大时，由于颗粒的团聚以及片层结构的堆叠，会产生少量的吸留橡胶，从而相对增大了高岭石的体积分数，使得结合因子增大。

表 6-11　相对透气率的模型预测值与实验值的拟合比较

体积分数 Φ/%	填充份数	径厚比 α	取向角度 θ/(°)	预测值	实验值	ξ
7.7	20	12	45	0.706	0.724	—
11	30	10	45	0.652	0.71	—
14.2	40	8	45	0.623	0.67	—
17.2	50	6	30	0.547	0.47	1.16
19.9	60	5	30	0.535	0.46	1.16
22.5	70	5	30	0.496	0.4	1.24

从推导出的阻隔模型与实验结果的比较来看，模型从理论上可以较为准确地描述填料的性质和结构对橡胶填充体系气体阻隔性能的贡献，从而根据填料的径厚比（形状系数）、填料的体积分数（填量）、填料粒子结构的分散情况以及填料粒子与橡胶分子的作用程度来预测橡胶填充体系的相对透气率。同时还可以根据阻隔模型的预测值与实验结果的对比，来反映填料粒子与橡胶基体的相互作用程度，从而为理论上评价填充橡胶材料的气体阻隔性能提供途径。

6.4 硬质高岭石/丁苯橡胶复合材料气体阻隔性能

6.4.1 改性剂类型的影响

改性剂类型不同对高岭石表面改性效果也不同，本小节通过使用四种不同类型（M_1 为 Si69，M_2 为 KH-550，M_3 为 KH-560，M_4 为 KH-172）的改性剂对高岭石进行表面改性，探讨改性剂类型对高岭石/SBR 复合材料的气体阻隔性能的影响，讨论中高岭石填充份数为 10，改性剂用量为 1%。

如表 6-12 为不同类型改性剂改性高岭石填充丁苯橡胶复合材料的气体阻隔数据指标。由表中数据可知，与丁苯橡胶（SBR）相比，经过不同类型改性剂改性后的高岭石均有效改善了丁苯橡胶复合材料的气体阻隔性能。当改性剂为 M_3 时，插层高岭石/SBR 复合材料的透气率达到最低，为 $35.65 \times 10^{-18} \, \text{m}^2/(\text{Pa} \cdot \text{s})$，其相对透气率为 0.81，复合材料的透气率降低了 19%，改性效果最好。当改性剂为 M_1 时，插层高岭石/SBR 复合材料的透气率最大，为 $38.28 \times 10^{-18} \mathrm{m}^2/(\mathrm{Pa \cdot s})$，其相对透气率为 0.87，复合材料的透气率降低了 13%，改性效果最差（如图 6-15）。对比插层高岭石和未插层高岭石可知，高岭石在经过插层处理后，对 SBR 复合材料的气体阻隔性能提升优于未插层高岭石。

表 6-12　不同类型改性剂改性高岭石填充丁苯橡胶
复合材料的气体阻隔数据指标

改性剂类型	填充材料	透气率 /[$\times 10^{-18} \mathrm{m}^2/(\mathrm{Pa \cdot s})$]	相对透气率
纯 SBR		43.97	1
M_1	未插层高岭石	40.32	0.91
	插层高岭石	38.28	0.87
M_2	未插层高岭石	37.37	0.84
	插层高岭石	36.77	0.83
M_3	未插层高岭石	36.76	0.83
	插层高岭石	35.65	0.81
M_4	未插层高岭石	37.76	0.85
	插层高岭石	35.83	0.82

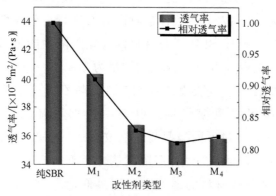

图 6-15　不同类型改性剂改性高岭石填充
SBR 复合材料的气体阻隔性能

6.4.2　改性剂用量的影响

为探讨改性剂用量对高岭石/SBR 复合材料气体阻隔性能的影响，本小节讨论选取 N_1（0.5％）、N_2（1％）、N_3（2％）、N_4（3％）、N_5（4％）五种不同用量改性剂对高岭石填料进行改性，探讨改性剂用量对橡胶复合材料气体阻隔性能的影响。所选改性剂类型为 M_4，高岭石填充份数为 10。

表 6-13 为不同改性剂用量改性高岭石填充丁苯橡胶复合材料的气体阻隔数据指标。由表中数据可知，随着改性剂用量的增加，高岭石/SBR 复合材料的气体阻隔性能呈现先增大后降低的趋势，当改性剂用量为 N_4 时，复合材料的透气率达到最小值，为 $34.90 \times 10^{-18} \, \mathrm{m^2/(Pa \cdot s)}$，其相对透气率为 0.79，复合材料的透气率降低了 21％，改性效果最好。当改性剂用量为 N_5 时，复合材料的透气率为 $35.84 \times 10^{-18} \, \mathrm{m^2/(Pa \cdot s)}$，相对透气率为 0.82，气体阻隔性能有所降低，这也在力学性能上得到了验证，因此当改性剂用量为 3％时，复合材料的气体阻隔性能最好（如图 6-16）。

表 6-13　不同改性剂用量改性高岭石填充 SBR 复合材料的气体阻隔数据

改性剂用量	填充材料	透气率 /$[\times 10^{-18} \, \mathrm{m^2/(Pa \cdot s)}]$	相对透气率
纯 SBR		43.97	1
N_1	未插层高岭石	37.99	0.86
	插层高岭石	36.90	0.84
N_2	未插层高岭石	37.76	0.85
	插层高岭石	35.83	0.81
N_3	未插层高岭石	35.91	0.82
	插层高岭石	35.08	0.80

改性剂用量	填充材料	透气率 /[$\times 10^{-18}$ m²/(Pa·s)]	相对透气率
N_4	未插层高岭石	35.80	0.81
	插层高岭石	34.90	0.79
N_5	未插层高岭石	36.52	0.83
	插层高岭石	35.84	0.82

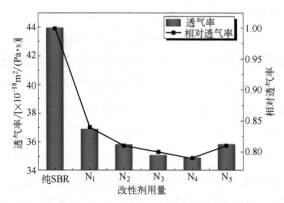

图 6-16　改性剂不同用量改性高岭石填充 SBR 复合材料的气体阻隔性能

6.4.3　填充份数的影响

　　为探讨高岭石填充份数对橡胶复合材料气体阻隔性能的影响，本小节分别制备了 5 份、10 份、15 份、20 份、30 份、40 份、50 份七种不同填充份数的高岭石/SBR 复合材料，探讨填充份数对橡胶复合材料气体阻隔性能的影响，所选改性剂种类为 M_4，改性剂用量为 1%。

　　表 6-14 为不同填充份数高岭石填充 SBR 复合材料的气体阻隔数据指标。由表中数据可知，高岭石/SBR 复合材料的透气率随着高岭石填充量的增加而减小，说明复合材料的气体阻隔性能

逐渐增加。当高岭石填充份数为 50 时，复合材料的透气率达到最小值 $27.65 \times 10^{-18} \mathrm{m}^2 / (\mathrm{Pa} \cdot \mathrm{s})$，相对透气率为 0.63，复合材料的透气率下降了 37%，具有较好的气体阻隔性能。与此同时，未经插层的高岭石/SBR 的透气率为 $29.45 \times 10^{-18} \mathrm{m}^2 / (\mathrm{Pa} \cdot \mathrm{s})$，相对透气率为 0.67，复合材料的透气率下降了 33%，气体阻隔性能较差于插层高岭土。分析认为：首先，高岭石作为一种片层结构的无机黏土矿物，分散填充到 SBR 复合材料中后，片层高岭石能有效阻止气体分子在橡胶机体中的扩散，使得复合材料的气体阻隔性能得到有效提高；其次，高岭石在经过插层后，粒径更小、径厚比更大，在 SBR 基体中分散性更好，使得高岭石在 SBR 基体中的有效填充份数增加，因此经过插层后的高岭石对 SBR 复合材料的气体阻隔性能更加优异。从图 6-17 可知，当填充份数为 50 时，复合材料的透气率降低速率减缓。主要是因为，当高岭石填充份数较小时，其对 SBR 复合材料气体阻隔性能的提高主要依靠体积效应和填料本身的阻隔效应。当填料填充份数继续增加时，会使得填料在橡胶基体中的分散性降低，出现团聚，有效颗粒数减小，直接影响复合材料的气体阻隔性能。

表 6-14 不同填充量高岭石填充 SBR 复合材料的气体阻隔数据指标

高岭石填充量 /份	填充材料	透气率 /[$\times 10^{-18} \mathrm{m}^2 / (\mathrm{Pa} \cdot \mathrm{s})$]	相对透气率
纯 SBR		43.97	1
5	未插层高岭石	38.54	0.88
	插层高岭石	37.60	0.86
10	未插层高岭石	37.76	0.85
	插层高岭石	35.83	0.81
15	未插层高岭石	37.06	0.84
	插层高岭石	34.78	0.79
20	未插层高岭石	35.90	0.82
	插层高岭石	33.19	0.75

高岭石填充量 /份	填充材料	透气率 /[×10⁻¹⁸ m²/(Pa·s)]	相对透气率
30	未插层高岭石	33.32	0.76
	插层高岭石	31.12	0.71
40	未插层高岭石	30.55	0.70
	插层高岭石	28.70	0.65
50	未插层高岭石	29.45	0.67
	插层高岭石	27.65	0.63

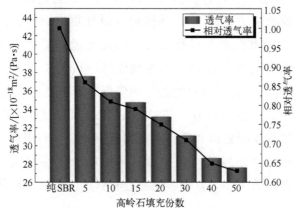

图 6-17　不同填充份数高岭石填充 SBR 复合材料的气体阻隔性能

6.5　硬质高岭石/丁苯橡胶复合材料热阻隔性能

6.5.1　改性剂类型的影响

图 6-18 和图 6-19 分别代表四种不同类型改性剂（Si69、

KH-550、KH-560、KH-172）改性高岭石填充丁苯橡胶复合材料的 TG 和 DTG 曲线图。表 6-15 为不同类型改性剂改性高岭石填充丁苯橡胶复合材料的热失重指标，其中 $T_{5\%}$、$T_{10\%}$、T_P 分别代表当复合材料失重率为 5％、10％以及在最大失重峰时所对应的温度。350～500℃失重率、残余量则分别代表复合材料在

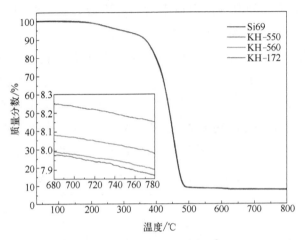

图 6-18　不同类型改性剂改性高岭石填充丁苯橡胶复合材料 TG 曲线（见彩插）

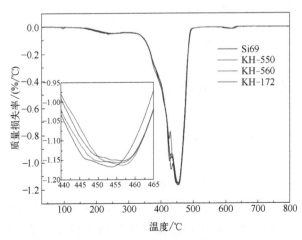

图 6-19　不同类型改性剂改性高岭石填充丁苯橡胶复合材料 DTG 曲线（见彩插）

350~500℃温度区间内的失重量以及复合材料的最终残余量。由表中数据可知，四种改性剂改性的高岭石/SBR复合材料均从200℃左右开始失重，且当复合材料失重率为5%时，KH-560改性剂所对应的复合材料热解温度为297.2℃，为四种改性剂中最大值，同时KH-172改性剂所对应的复合材料热解温度为293.6℃，为四种改性剂中最小值。对比最大失重峰所对应的温度，KH-560改性剂所对应的热解温度为457.4℃，为最大。对比四种复合材料的最终残余量可知，四种复合材料的最终残余量均在8%左右，其中KH-560改性剂所对应的复合材料的最终残余量为8.2%，为四种改性剂中的最大值。因此综上可知，KH-560改性剂改性的高岭石填充SBR复合材料的热稳定性相对较高，但总体而言，改性剂对复合材料的热稳定性影响不大。

表 6-15　不同类型改性剂改性高岭石填充丁苯橡胶复合材料的热失重指标

改性剂类型	$T_{5\%}$/℃	$T_{10\%}$/℃	T_P/℃	350~500℃ 失重率/%	残余量/%
Si69	295.9	365.9	453.5	83.1	7.9
KH-550	297.1	366.6	456.7	82.9	8.1
KH-560	297.2	366.7	457.4	82.8	8.2
KH-172	293.6	365.3	456.4	82.9	7.9

6.5.2　改性剂用量的影响

图 6-20 和图 6-21 分别代表不同改性剂用量改性高岭石填充丁苯橡胶复合材料的 TG 和 DTG 曲线图。表 6-16 为不同改性剂用量改性高岭石填充丁苯橡胶复合材料的热失重指标。从表中数据可知，当复合材料的失重率为 5% 时，随着改性剂用量的增加，复合材料所对应的热解温度呈现先增大后减小的趋势，且当改性剂用量为 3% 时，所对应的热解温度为 297.3℃，为最大值，

说明此时复合材料的起始热解温度最大。对比复合材料在 350～
500℃之间的失重率可知，当改性剂用量为 0.5％时，复合材料
失重率为 85.1％，为最大，当改性剂用量为 3％时，复合材料失

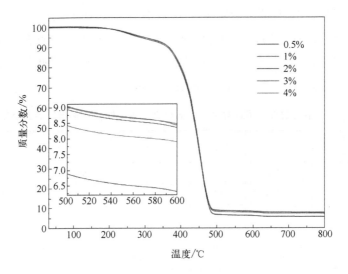

图 6-20　不同改性剂用量改性高岭石/SBR 复合材料 TG 曲线（见彩插）

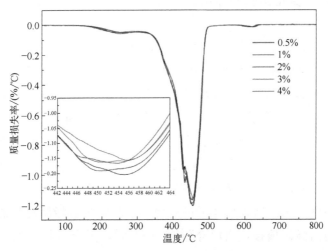

图 6-21　不同改性剂用量改性高岭石/SBR 复合材料 DTG 曲线（见彩插）

重率为 82.9％，为最小。对比复合材料的最终残余量可知，当改性剂用量为 0.5％时，复合材料的残余量为最小值 5.8％，当改性剂用量为 3％时，复合材料的最终残余量为最大值 8.0％。综上可知，改性剂用量对复合材料的热稳定性能具有一定的影响，且当改性剂用量为 0.5％时，复合材料的热稳定性最差，当改性剂用量为 3％时，复合材料的热稳定性最好，因此就复合材料的热稳定性来说，改性剂的最佳用量为 3％。

表 6-16　不同改性剂用量改性高岭石填充丁苯橡胶复合材料的热失重指标

改性剂用量 /％	$T_{5\%}$/℃	$T_{10\%}$/℃	T_P/℃	350～500℃ 失重率/％	残余量/％
0.5	296.5	366.2	455.0	85.1	5.8
1	297.0	365.9	453.5	83.0	7.9
2	297.1	366.2	452.7	83.1	7.8
3	297.3	365.7	453.8	82.9	8.0
4	284.9	361.9	456.8	83.0	7.4

6.5.3　填充份数的影响

图 6-22 和图 6-23 分别代表不同填充份数的高岭石/SBR 复合材料的 TG 和 DTG 曲线图。表 6-17 为不同填充份数高岭石/SBR 复合材料的热失重指标，由表中数据分析可知，纯丁苯橡胶的起始热解温度为 285.1℃，最大失重峰所对应的温度为446.5℃，在 350～500℃之间的失重率为 89.4％，且最终残余量仅为 1.2％，说明纯丁苯橡胶材料的热稳定性很差。随着高岭石填料的加入以及填充份数的增加，高岭石/SBR 复合材料的起始热解温度出现先增大后降低的趋势，且最大失重峰所对应的温度逐渐向高温区偏移，当填充份数为 50 时，复合材料的最大失重峰所对应的温度最大，为 467.1℃。随着高岭石的加入以及填充

份数的增加，复合材料在 350～500℃ 之间的失重率逐渐降低，当高岭石填充量为 50 份时，其失重率为 63.7％，损失最小。同

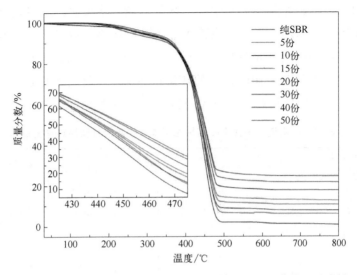

图 6-22　不同填充份数高岭石填充 SBR 复合材料 TG 曲线（见彩插）

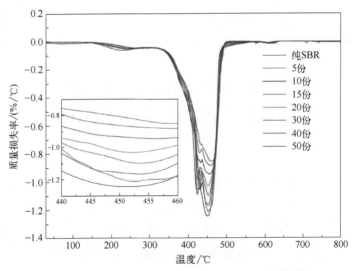

图 6-23　不同填充份数高岭石填充 SBR 复合材料 DTG 曲线（见彩插）

时，复合材料最终残余量逐渐增加，当高岭石填充份数为 50 时，复合材料最终残余量为 24.7％，为最大。综上可知，高岭石填料的加入，明显提高了丁苯橡胶的热稳定性。主要是因为高岭石填料耐热性及隔热性强，与橡胶大分子链形成物理缠结和化学作用后，会对 SBR 分子链形成有效的闭合效应，此时的高岭石填料充当 SBR 的阻隔层，阻隔外界的热量传递，复合材料的热解行为受到延缓，从而使得高岭石/SBR 复合材料的热稳定性增强。

表 6-17   不同填充份数高岭石填充丁苯橡胶复合材料的热失重指标

高岭石填充份数	$T_{5\%}$/℃	$T_{10\%}$/℃	T_P/℃	350～500℃失重率/%	残余量/%
纯 SBR	285.1	362.3	446.5	89.4	1.2
5	311.9	370.9	451.5	86.0	6.1
10	295.9	365.9	453.5	83.1	7.9
15	292.5	366.7	452.7	79.8	10.9
20	287.1	365.2	454.9	77.3	13.1
30	283.3	365.7	458.8	72.2	17.8
40	280.2	365.0	461.9	67.7	21.8
50	259.8	356.8	467.1	63.7	24.7

6.6   氢氧化镧/高岭石/天然橡胶复合材料的热稳定性能研究

图 6-24 为纯天然橡胶硫化复合材料在氮气气氛下的 TG-DTG 曲线，显示了纯天然橡胶硫化复合材料的热稳定性。在图中可以观察到只有一个吸热峰，温度为 372.57℃，整个过程只有一个失重阶段，为天然橡胶热解阶段，该阶段对应的是胶含量的失重，失重率达 96.25％。

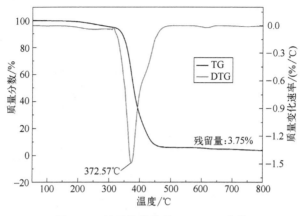

图 6-24　纯天然橡胶的 TG-DTG 曲线

6.6.1　氢氧化镧负载量的影响

图 6-25 为不同负载量的 La(OH)$_3$/高岭石复合物填充天然橡胶制备复合材料的 TG-DTG 曲线，其热特性参数如表 6-18 所示，其中 La(OH)$_3$/高岭石复合物的填充份数为 50，高岭石的粒度为 1.1μm。$T_{5\%}$、$T_{10\%}$、$T_{50\%}$ 和 T_P 分别为复合材料热失重 5%、10%、50% 以及最大失重峰所对应的温度。随着 La(OH)$_3$/高岭石值的增加，复合材料的 $T_{5\%}$ 有明显的增加趋势，其值分别为 317.78℃、329.67℃、329.27℃、333.53℃、323.12℃、332.62℃。$T_{10\%}$、$T_{50\%}$ 和 T_P 随 La(OH)$_3$/高岭石值的增加有小幅度的增加。随着 La(OH)$_3$/高岭石值的增加，复合材料的残余量有小幅度减小的趋势，这可能是因为高岭石表面所负载的 La(OH)$_3$ 分解所失去的重量要高于高岭石分解所失去的重量。因此 La(OH)$_3$ 在高岭石表面的负载量对复合材料的热稳定性有一定的提高。

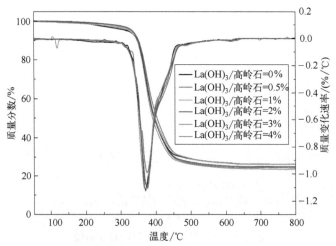

图 6-25　不同负载量的 La(OH)$_3$/高岭石复合物填充（见彩插）

天然橡胶制备复合材料的 TG-DTG 图谱

表 6-18　不同负载量的 La(OH)$_3$/高岭石填充天然橡胶复合材料的热特性参数

负载量/%	$T_{5\%}$/℃	$T_{10\%}$/℃	$T_{50\%}$/℃	T_{P}/℃	残余量/%
0	317.78	346.73	394.92	372.40	26.09
0.5	329.67	350.98	403.29	374.35	26.09
1	329.27	350.09	397.69	373.62	25.95
2	333.53	350.45	395.39	375.05	24.74
3	323.12	346.25	390.22	373.27	23.43
4	332.62	349.21	396.06	372.15	24.12

6.6.2　氢氧化镧/高岭石填充份数的影响

图 6-26 为不同填充份数的 La(OH)$_3$/高岭石复合物填充天然橡胶制备复合材料的 TG-DTG 曲线，其热特性参数如表 6-19 所示，其中 La(OH)$_3$/高岭石的值为 1%，高岭石的粒度为

1.1μm。结合表图可以看出，随着 La(OH)$_3$/高岭石复合物填充份数的增加，复合材料的 $T_{50\%}$ 有明显的增加趋势，由 382.32℃增加到了 398.02℃。随着 La(OH)$_3$/高岭石复合物的含量从 10份到 20 份以及从 40 份到 60 份递增，复合材料的 $T_{5\%}$、$T_{10\%}$ 的值有增加的趋势，这些变化主要归因于复合材料中较大数量的La(OH)$_3$ 和高岭石片状结构对基体中热流的转化起到了阻挡的作用以及天然橡胶分子链与填料进行物理缠绕和化学键合，使得填料将天然橡胶分子链牢牢包裹，从而阻止外部热量的传递。复合材料的残余量也伴随着 La(OH)$_3$/高岭石复合物填充份数的增大而增大，这主要是因为 La(OH)$_3$ 在空气气氛下加热会发生脱水反应，而高岭石在空气气氛下加热会发生脱羟基反应，失重率均较小。而 La(OH)$_3$/高岭石复合物的填充量对复合材料的 T_P影响不大。综上所述，La(OH)$_3$/高岭石复合物用量的增加有利于复合材料热稳定性的提升。

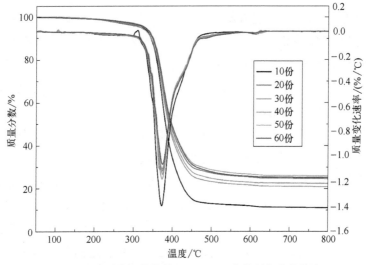

图 6-26　不同填充份数的 La(OH)$_3$/高岭石复合物填充
天然橡胶制备复合材料的 TG-DTG 曲线（见彩插）

表 6-19 不同填充份数 La(OH)₃/高岭石填充天然橡胶复合材料的热特性参数

填充份数	$T_{5\%}$/℃	$T_{10\%}$/℃	$T_{50\%}$/℃	T_P/℃	残余量/%
10	323.99	344.30	382.32	373.32	10.97
20	325.12	347.69	394.96	373.45	24.62
30	316.99	344.11	389.49	375.25	20.86
40	327.26	347.76	391.77	373.72	22.38
50	329.27	350.09	397.69	373.62	25.95
60	329.01	349.27	398.02	374.69	25.12

6.6.3 高岭石粒度的影响

图 6-27 为不同粒度高岭石的 La(OH)₃/高岭石复合物填充天然橡胶制备复合材料的 TG-DTG 曲线，其热失重指标如表 6-20 所示，其中 La(OH)₃/高岭石复合物的填充份数为 30，La(OH)₃/高岭石的值为 1%。结合表图可以看出，当高岭石的粒径为 2.6μm 时，复合材料的 $T_{5\%}$、$T_{10\%}$、$T_{50\%}$ 和 T_P 均较小，分别为 301.40℃、343.86℃、384.63℃ 和 371.50℃。当高岭石的粒径减小时，复合材料的 $T_{5\%}$、$T_{10\%}$、$T_{50\%}$ 和 T_P 均有所增大，当高岭石的粒径为 1.9μm 时，复合材料的 $T_{5\%}$ 达到最高，为 325.05℃，当高岭石的粒径为 0.7μm 时，复合材料的 $T_{10\%}$ 达到最高，为 346.87℃，当高岭石的粒径为 1.1μm 时，复合材料的 $T_{50\%}$ 和 T_P 达到最大值，分别为 389.49℃ 和 375.25℃。同时，当高岭石的粒径减小时，复合材料的残余量先增大后减小，但是整体呈现增大的趋势。以上这些结果主要归因于当高岭石颗粒较小时，La(OH)₃/高岭石复合物与橡胶分子链的结合更加精细，而且片状结构的 La(OH)₃/高岭石复合物有效阻挡了复合材料内部的热流。综上所述，高岭石粒径的减小有利于复合材料热稳定性能的提升。

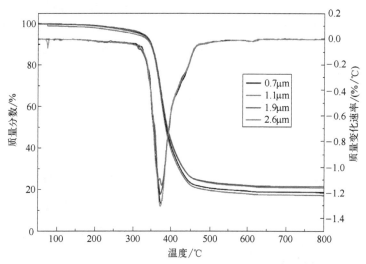

图 6-27　不同粒度高岭石的 La(OH)$_3$/高岭石复合物
填充天然橡胶制备复合材料的 TG-DTG 曲线 （见彩插）

表 6-20　不同粒度高岭石负载 La(OH)$_3$ 填充天然
橡胶制备复合材料的热特性参数

粒度/μm	$T_{5\%}$/℃	$T_{10\%}$/℃	$T_{50\%}$/℃	T_p/℃	残余量/%
2.6	301.40	343.86	384.63	371.50	17.21
1.9	325.05	346.79	388.91	371.32	21.42
1.1	316.99	344.11	389.49	375.25	20.86
0.7	322.32	346.87	386.42	373.10	18.72

6.7　氢氧化镧/高岭石/丁苯橡胶复合材料的热稳定性能影响

图 6-28 为纯丁苯橡胶硫化复合材料在氮气气氛下的 TG-

DTG 曲线，显示了纯丁苯橡胶硫化复合材料的热稳定性。从图中可以观察到在温度为 451.20℃有一个吸热峰，整个过程只有一个失重阶段，为丁苯橡胶热解阶段，该阶段对应的是胶含量的失重，失重率达 97.54%。

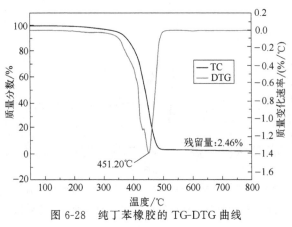

图 6-28 纯丁苯橡胶的 TG-DTG 曲线

6.7.1 氢氧化镧负载量的影响

图 6-29 为不同负载量的 $La(OH)_3$/高岭石复合物填充丁苯橡胶制备复合材料的 TG-DTG 曲线，其热特性参数如表 6-21 所示，其中 $La(OH)_3$/高岭石复合物的填充份数为 50，高岭石的粒度为 $1.1\mu m$。$T_{5\%}$、$T_{10\%}$、$T_{50\%}$ 和 T_P 分别为复合材料热失重 5%、10%、50%以及最大失重峰所对应的温度。由图表可以看出随着 $La(OH)_3$/高岭石值的增加，复合材料的 $T_{10\%}$、$T_{50\%}$、T_P 以及残余量整体差距不大分别在 390℃、456℃、457℃以及 26%左右，但是复合材料的 $T_{5\%}$ 有上升的趋势，其值分别为 356.82℃、359.15℃、362.03℃、359.62℃、364.78℃、367.20℃。综合考虑，高岭石表面负载的 $La(OH)_3$ 对复合材料的热稳定性有一定的提高。

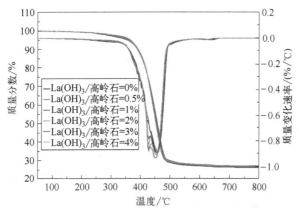

图 6-29　不同负载量的 La(OH)$_3$/高岭石复合物填充

丁苯橡胶制备复合材料的 TG-DTG 图谱（见彩插）

表 6-21　不同负载量的 La(OH)$_3$/高岭石复合物填充

丁苯橡胶制备复合材料的热特性参数

负载量/%	$T_{5\%}$/℃	$T_{10\%}$/℃	$T_{50\%}$/℃	T_P/℃	残余量/%
0	356.82	390.36	457.20	457.53	26.45
0.5	359.15	390.43	458.37	460.79	27.15
1	362.03	392.17	456.45	458.25	26.32
2	359.62	388.63	454.39	453.72	27.08
3	364.78	391.70	453.60	451.37	26.69
4	367.20	392.79	455.50	455.25	27.24

6.7.2　氢氧化镧/高岭石填充份数的影响

图 6-30 为不同填充份数的 La(OH)$_3$/高岭石复合物填充丁苯橡胶制备复合材料的 TG-DTG 曲线，其热特性参数如表 6-22 所示，其中 La(OH)$_3$/高岭石的值为 2%，高岭石的粒度为 1.1μm。结合表图可以看出，La(OH)$_3$/高岭石/丁苯橡胶复合材料的 $T_{5\%}$、$T_{10\%}$、$T_{50\%}$ 以及 T_P 均随填料含量的增加而向高温区偏移。当 La(OH)$_3$/高岭石复合物填充份数为 50 时，复合材料

的 $T_{5\%}$、$T_{10\%}$、$T_{50\%}$ 和 T_P 达到最大值,分别为 359.62℃、388.63℃、454.39℃和 453.72℃,这主要归因于 La(OH)$_3$ 和高岭石的片状结构可以有效阻止复合材料内部热量的传递,而且丁苯橡胶分子链与填料进行物理缠绕和化学键合,会使得填料将丁苯橡胶分子链牢牢包裹,从而阻止外部热量的传递。同时,复合材料的残余量也随着填料含量的增加而增大,这主要是因为 La(OH)$_3$/高岭石复合物耐高温,在加热过程中分解损失量较小。综上所述,La(OH)$_3$/高岭石复合物填充份数的增加有利于复合材料热稳定性能的提升。

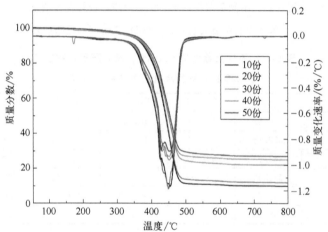

图 6-30　不同填充份数的 La(OH)$_3$/高岭石复合物
填充丁苯橡胶复合材料的 TG-DTG 图谱（见彩插）

表 6-22　不同填充份数 La(OH)$_3$/高岭石复合物填充
丁苯橡胶复合材料的热特性参数

填充份数	$T_{5\%}$/℃	$T_{10\%}$/℃	$T_{50\%}$/℃	T_P/℃	残余量/%
10	344.37	377.10	442.03	450.76	10.03
20	344.70	379.50	443.27	450.27	12.00
30	347.03	382.12	450.90	452.15	25.13
40	353.91	384.27	450.30	452.01	22.09
50	359.62	388.63	454.39	453.72	27.08

参 考 文 献

[1] 赵杏媛，张有瑜. 粘土矿物与粘土矿物分析 ［M］. 北京：海洋出版社，1990.

[2] 刘钦甫，程宏飞，张玉德，等. 高岭石插层、剥片及其在橡胶中的应用 ［M］. 北京：科学出版社，2016.

[3] 杨清芝. 实用橡胶工艺学 ［M］. 北京：化学工业出版社，2005.

[4] 张立群. 橡胶纳米复合材料基础与应用 ［M］. 北京：化学工业出版社，2018.

[5] 郑直. 中国主要高岭土矿床 ［M］. 北京：北京科学技术出版社，1987.

[6] 王梦蛟，（美）迈克尔·莫里斯. 粒状填料对橡胶的补强——理论及实践 ［M］. 北京：化学工业出版社，2021.

[7] 张玉德. 橡胶/高岭土纳米复合材料的分散性及其阻隔性能研究 ［D］. 北京：中国矿业大学，2007.

[8] 程宏飞. 高岭石插层、剥片及其在橡胶复合材料中应用研究 ［D］. 北京：中国矿业大学，2011.

[9] 刘钦甫，张玉德，李和平，等. 纳米高岭土/橡胶复合材料的性能研究 ［J］. 橡胶工业，2006，053（009）：525-529.

[10] Liang Yurong, Cao Weiliang, Li Zhao, et al. A new strategy to improve the gas barrier property of isobutylene-isoprene rubber/clay nanocomposites ［J］. Polymer Testing, 2008 (27)：270-276.

[11] Yahaya L E, Adebowale K O, Menon A R R. Mechanical properties of organomodified kaolin natural rubber vulcanizates ［J］. Applied Clay Science, 2009 (46)：283-288.

[12] 张玉德，张士龙，刘钦甫，等. 高岭土的湿法球磨改性及其填充橡胶复合材料的力学性能 ［J］. 化工新型材料，2012，40（11）：104-106.

[13] Kelleher B P, Sutton D, Dwyer T F O. The effect of kaolinite intercalation on the structural arrangements of N-methyl formamide and 1-methyl-2-pyrrolidone ［J］. Journal of Colloid and Interface Science, 2005, 2 (255)：219-224.

[14] 赵顺平，夏华，张生辉. 高岭石/有机插层复合材料的研究进展 [J]. 材料科学与工程学报，2003，4 (21)：62-66.

[15] Wada K. Intercalation of water in kaolin minerals [J]. The American Minerlogist，1965 (50)：924-941.

[16] Hinckley D N. Variability in "crystallinity" values among the kaolin deposits of the coastal plain of georgia and south carolina [J]. Clays and Clay Minerals，1963 (11)：229-235.

[17] Ledoux R L，White J L. Infrared studies of hydrogen bonding interaction between kaolinite surfaces and intercalated potassium acetate，hydrazine，formamide and urea [J]. Journal of Colloid and Interface Science，1966 (21)：127-152.

[18] Frost R L，Kristof J. The role of water in the intercalation of kaolinite with potassium acetate [J]. Journal of Colloid and Interface Science，1998，204 (2)：227-236.

[19] Frost R L，Kristof J. Molecular structure of dimethylsulfoxide intercalated kaolinites [J]. The Journal of Physical Chemistry B，1998，102：8519-8532.

[20] 曹秀华，王炼石，周奕雨. 一种制备插层和无定形高岭土的新方法 [J]. 化工矿物与加工，2003 (7)：10-12.

[21] 陈洁渝，严春杰. 煤系高岭土/醋酸钾插层复合物制备及意义 [J]. 矿产保护与利用，2004 (6)：16-20.

[22] 孙嘉，徐政. 微波对不同插层剂插入高岭石的作用与比较 [J]. 硅酸盐学报，2005 (5)：593-598.

[23] 阎琳琳，张存满，徐政. 高岭石插层-超声法剥片可行性研究 [J]. 非金属矿，2007 (1)：1-4.

[24] 林喆，冯莉，王永田，等. 超声法制备高岭土/二甲基亚砜插层复合物的影响因素 [J]. 硅酸盐学报，2007 (5)：653-658.

[25] 秦芳芳，何明中，崔景伟，等. 高岭土/二甲亚砜插层复合物脱嵌反应热动力学 [J]. 高等学校化学学报，2007 (12)：2343-2348.

[26] Cheng Hongfei，Liu Qinghe，Xu Peijie，et al. A comparison of molecular structure and de-intercalation kinetics of kaolinite/quaternary ammoni-

um salt and alkylamine intercalation compounds [J]. Journal of Solid State Chemistry, 2018, 268: 36-44.

[27] 梁宗刚. BMP-500 型磨剥机在煤系煅烧高岭土超细磨矿中的应用 [J]. 中国非金属矿工业导刊, 2005 (5): 45-46.

[28] 郑水林. 超细粉碎 [M]. 北京: 中国建材工业出版社, 1999.

[29] 王小萍, 朱立新, 贾德民. 橡胶纳米复合材料研究进展 [J]. 合成橡胶工业, 2004 (4): 257-260.

[30] 杨性坤, 张永萍. 粘土橡胶纳米复合材料研究进展 [J]. 化工矿物与加工, 2006 (11): 33-35.

[31] 李青山, 白德安, 蔡传英等. 聚甲基丙烯酸甲酯-蒙脱土纳米复合材料的研究 [J]. 中国粉体技术, 2000 (S1): 273-275.

[32] 陈光明, 马永梅, 漆宗能. 甲苯-2,4-二异氰酸酯修饰蒙脱土及聚苯乙烯/蒙脱土纳米复合材料的制备与表征 [J]. 高分子学报, 2000 (5): 599-603.

[33] 吴友平, 张立群, 王一中, 等. 粘土_羧基丁腈橡胶纳米复合材料的结构与性能研究 [J]. 材料研究学报, 2000, 14 (2): 188-192.

[34] Wang Shengjie, Long Chengfen. Synthesis and properties of silicone rubber/organomorillonite hybrid nanocomposites [J]. Journal of Applied Polymer Science, 1998, 69 (8): 1557.

[35] 梁玉蓉. 高气体阻隔性能弹性体的制备及有机粘土/橡胶纳米复合材料微观结构的后工艺响应 [D]. 北京: 北京化工大学, 2005.

[36] 王胜杰, 李强, 漆宗能. 硅橡胶-蒙脱土复合材料的制备、结构与性能 [J]. 高分子学报, 1998 (2): 149.

[37] 王梦蛟. 聚合物填料和填料相互作用对填充硫化胶动态力学性能的影响 [J]. 轮胎工业, 2000, 20: 601-605.

[38] 宋成芝, 车永兴, 张志广, 等. 硅烷偶联剂对炭黑/白炭黑增强丁腈橡胶填料网络结构及动态性能的影响 [J]. 合成橡胶工业, 2011 (2): 128-132.

[39] 刘钦甫, 许红亮. 煤系高岭土表面改性效果评价及机理研究 [J]. 材料研究学报, 2000 (3): 325-328.

[40] 何燕, 刘丽, 马连湘, 等. 温度及频率对轮胎橡胶材料生热率的影响

[J]. 轮胎工业，2006（6）：323-328.

[41] 王梦蛟. 填料-弹性体相互作用对填充硫化胶滞后损失-湿摩擦性能和磨耗性能的影响 [J]. 轮胎工业，2007，27：579-584.

[42] 张熬，亢浪浪，张印民，等. 高岭石粒度对其晶体结构和热演化行为的影响研究 [J]. 硅酸盐通报，2019，38（12）：3964-397.

[43] 张印民，刘钦甫，张士龙，等. 高岭石/丁苯橡胶复合材料的动态力学性能和动态生热机理 [C]. 第十四届中国橡胶基础研究研讨会，2019.

[44] 张熬，张印民，等. 乳液共混法高岭石/丁苯橡胶复合材料的絮凝工艺研究及机理 [J]. 橡胶工业，2019，67（10）：745-752.

[45] Zhang Ao，Kang Langlang，Zhang Yinmin，et al. Thermal behaviors and kinetic analysis of two natural kaolinite samples selected from Qingshuihe region in Inner Mongolia in China [J]. Journal of Thermal Analysis and Calorimetry，2021，145：3281-3291.

[46] Zhang Ao，Zhang Yinmin，Zhang Yongfeng，et al. Characterization of Kaolinite/emulsion-polymerization styrene butadiene rubber（ESBR）nanocomposite prepared by latex blending method：Dynamic mechanic properties and Mechanism [J]. Polymer Testing，2021，89：106600.

[47] Zhang Yinmin，Zhang Ao，Zhang Yongfeng，et al. Mechanical properties and thermal stability of kaolinite/emulsion-polymerization styrene butadiene rubber composite prepared by latex blending method [J]. Polymer Science series A，2020，62（4）：407-421.

[48] Qin Lipan，Zhang Yinmin，Zhang Yongfeng，et al. Efficient preparation of coal-series kaolinite intercalation compounds via a catalytic method and their reinforcement for styrene butadiene rubber composite [J]. Applied Clay Science，2021，213：106237.

[49] Liu Honglei，Xiao Kaiyuan，Zhang Yinmin，et al. The improvement of kaolinite supported cerium oxide for styrene-butadiene rubber composite：Mechanical，Ageing properties and Mechanism [J]. Polymers，2022，14（23）：5187.

[50] Wu Sen，Zhang Yinmin，Zhang Yongfeng，et al. Preparation and characterization of Kaolinite supported lanthanum-hydroxide and its improve-

ments for natural rubber composites [J]. Applied Clay Science, 2022, 216: 106342.

[51] 马连湘，张方良，崔琪，等. NR/SBR/BR 共混胎面胶料动态力学性能及生热特性研究 [J]. 弹性体，2005 (5)：47-49.

[52] Abdelrahman M. Awad, Shifa M. R. Shaikh, Rem Jalab, et al. Adsorption of organic pollutants by natural and modified clays: A comprehensive review [J]. Separation & Purification Technology, 2019, 228: 115719.

[53] 许乃岑，沈加林，骆宏玉. X 射线衍射和红外光谱法分析高岭石结晶度 [J]. 资源调查与环境，2014，35 (02)：152-156.

[54] 张熬，亢浪浪，张印民，丁大千，张永锋. 乳液共混法高岭石/乳聚丁苯橡胶复合材料的絮凝和性能研究 [J]. 橡胶工业，2020，67 (10)：27-34.

[55] 张博文，杨新瑶，杨悦锁，姜鸿喆. 粒径和浓度对胶体颗粒在多孔介质中迁移的影响 [J]. 沈阳大学学报（自然科学版），2018，30 (01)：13-17.

[56] 林雅铃，肖孔清，张安强，等. 稀土化合物改性炭黑/天然橡胶复合材料的制备与性能 [J]. 中国稀土学报，2005，(06)：708-712.

[57] 郭涛，王炼石，周奕雨. 过渡金属化合物对 p（SBR/N330）硫化胶的增强作用 [J]. 华南理工大学学报（自然科学版），2003 (02)：91-95.

[58] 朱连超，唐功本，石强，等. 稀土化合物在高分子科学中的应用研究进展 [J]. 高分子通报，2007，(03)：55-60.

[59] 刘松，姚楚，杨振，等. 稀土氧化物填充丁基发泡橡胶阻尼性能的研究 [J]. 材料导报，2017，31 (08)：46-50.

[60] 郭宇波，王炼石，张安强，等. 稀土掺杂高耐磨炭黑填充型粉末 NR 研究 I. 硫化胶的物理机械性能 [J]. 弹性体，2005 (02)：10-13.

[61] Chen J, Liu J, Yao Y, et al. Effect of microstructural damage on the mechanical properties of silica nanoparticle-reinforced silicone rubber composites [J]. Engineering Fracture Mechanics, 2020, 235: 107195.

[62] Zhang Y, Liu Q, Xiang J, et al. Thermal stability and decomposition kinetics of styrene-butadiene rubber nanocomposites filled with different particle sized kaolinites [J]. Applied Clay Science, 2014, 95: 159-166.

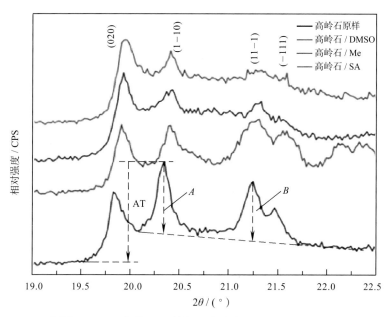

彩图 2-25 高岭石及其插层复合物XRD结晶度指数图

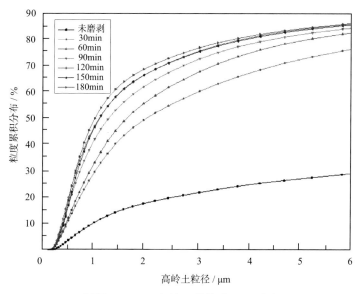

彩图 2-33 高岭石的粒度累积分布图

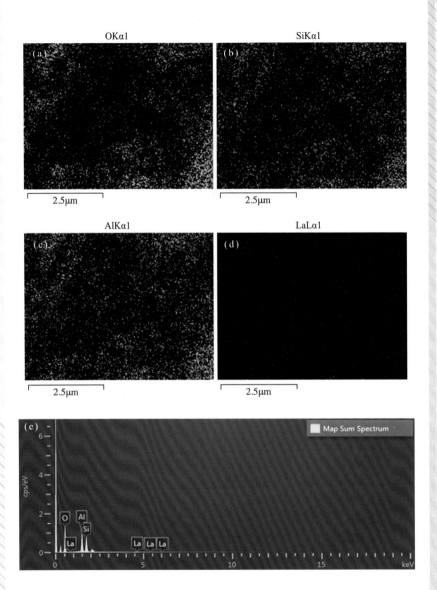

彩图 3-11 La(OH)$_3$/高岭石复合物 [La(OH)$_3$/高岭石=3%]
的组成元素分布图与总EDS能谱图

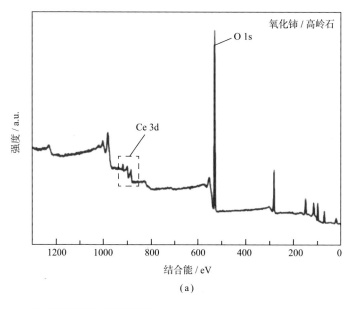

(a)

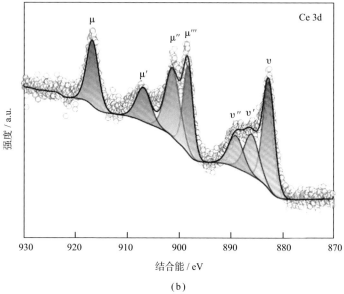

(b)

彩图 3-16 氧化铈/高岭石复合物XPS分析

(a) 全谱图；(b) Ce 3d谱图

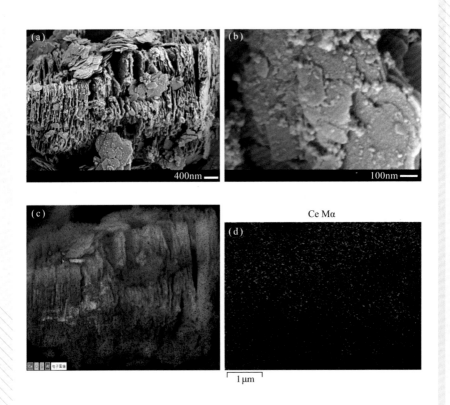

彩图 3-18　高岭石负载氧化铈的扫描电子显微镜和EDS能谱图

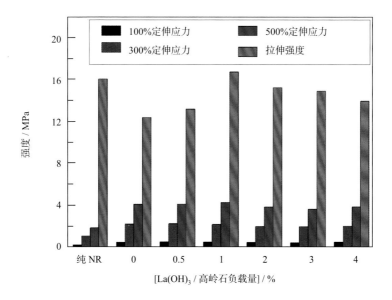

彩图 5-21　不同负载量的La(OH)$_3$/高岭石复合物填充
天然橡胶的定伸应力和拉伸强度

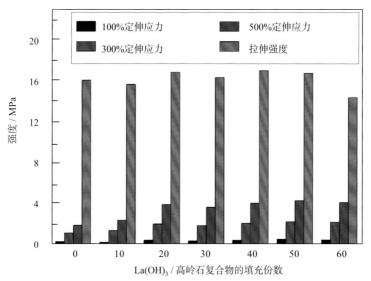

彩图 5-23　不同填充份数的La(OH)$_3$/高岭石复合物填充
天然橡胶的定伸应力和拉伸强度

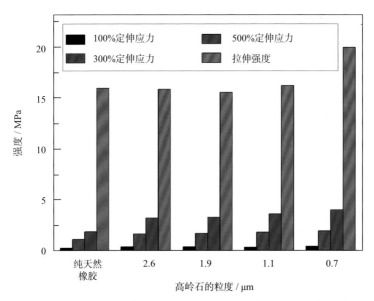

彩图 5-25 不同粒度高岭石的La(OH)$_3$/高岭石复合物填充
天然橡胶的定伸应力和拉伸强度

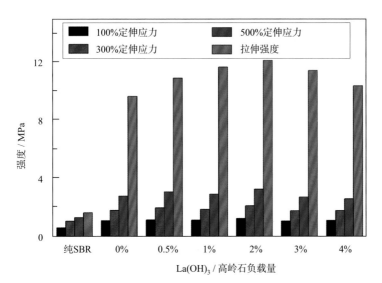

彩图 5-27 不同负载量的La(OH)$_3$/高岭石复合物填充
丁苯橡胶的定伸应力和拉伸强度

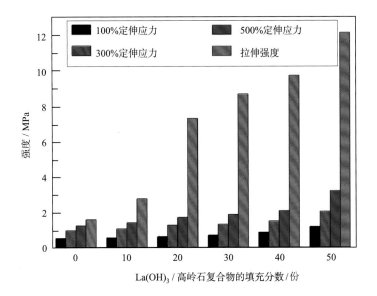

彩图 5-29 不同填充份数的La(OH)$_3$/高岭石复合物填充
丁苯橡胶的定伸应力和拉伸强度

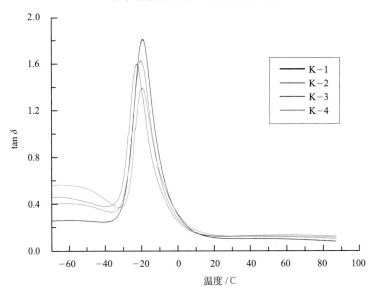

彩图 5-45 不同粒度高岭石填充SBR复合材料的tanδ
与温度的关系

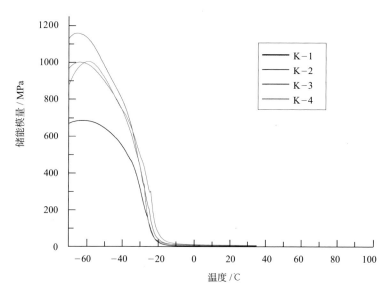

彩图 5-46　不同粒度高岭石填充SBR复合材料的G'
与温度的关系

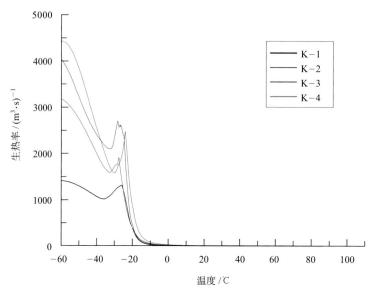

彩图 5-47　不同粒度高岭石填充SBR复合材料的生热率

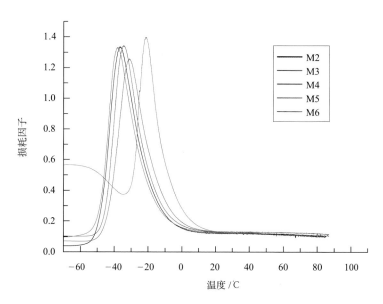

彩图 5-48　不同改性高岭石填充SBR复合材料的tanδ
与温度的关系

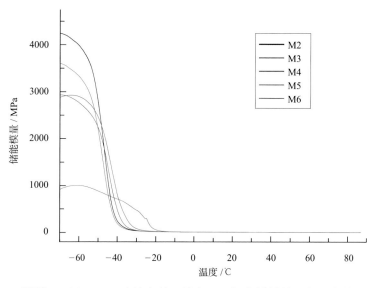

彩图 5-49　不同改性高岭石填充SBR复合材料的G'与温度的关系

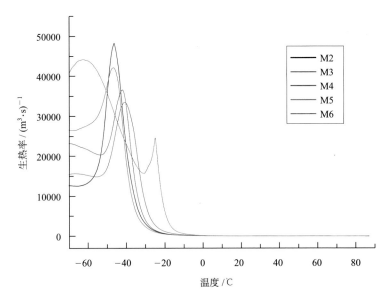

彩图 5-50　不同改性高岭石填充SBR复合材料的生热率

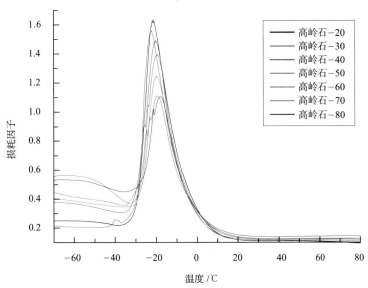

彩图 5-51　不同填充份数的SBR复合材料的tanδ与温度的关系

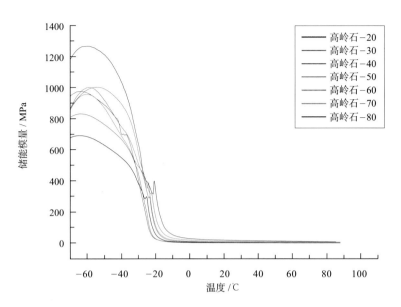

彩图 5-52 不同填充份数的SBR复合材料的G'与温度的关系

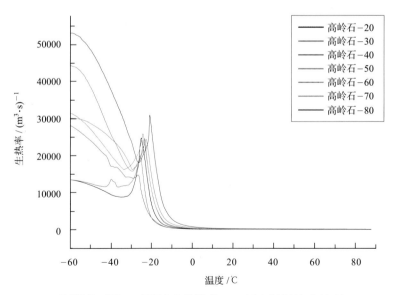

彩图 5-53 不同填充份数的SBR复合材料的生热率

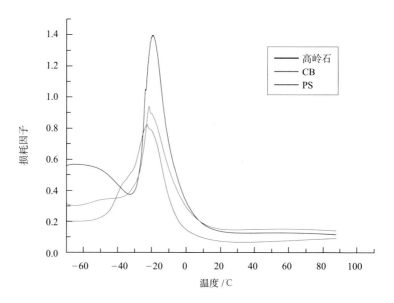

彩图 5-54　不同结构填料填充SBR复合材料的tanδ与温度的关系

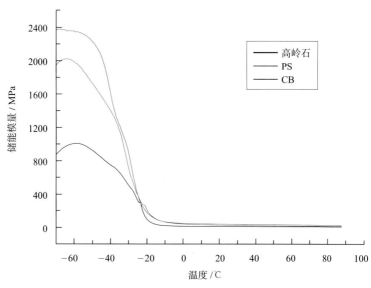

彩图 5-55　不同结构填料填充SBR复合材料的G'与温度的关系

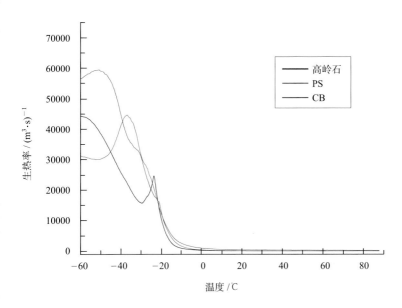

彩图 5-56　不同结构填料填充SBR复合材料的生热率

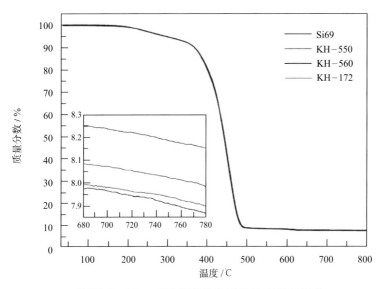

彩图 6-18　不同类型改性剂改性高岭石填充
丁苯橡胶复合材料TG曲线

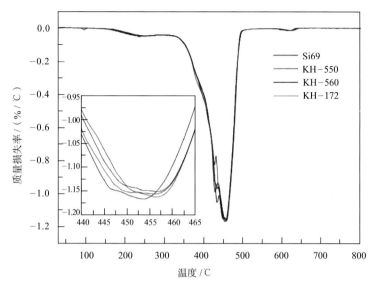

彩图 6-19　不同类型改性剂改性高岭石填充
丁苯橡胶复合材料DTG曲线

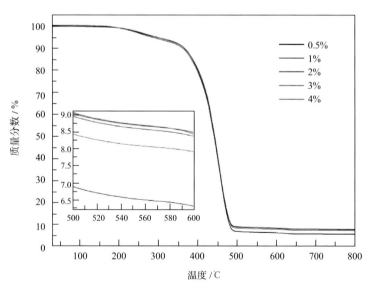

彩图 6-20　不同改性剂用量改性高岭石/SBR复合材料TG曲线

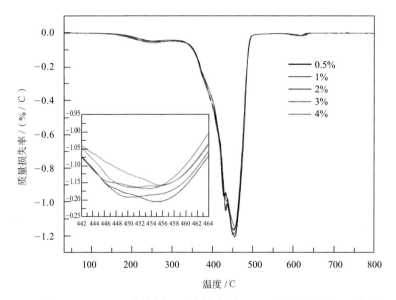

彩图 6-21 不同改性剂用量改性高岭石/SBR复合材料DTG曲线

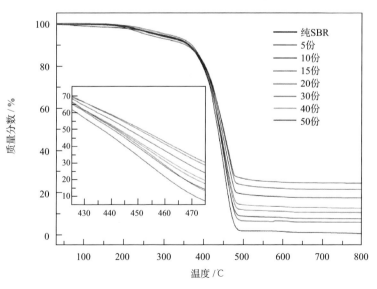

彩图 6-22 不同填充份数高岭石填充SBR复合材料TG曲线

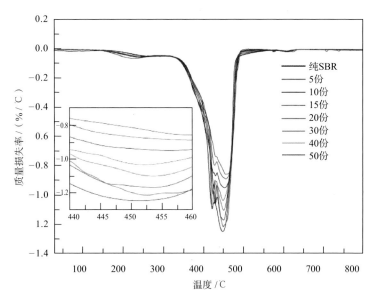

彩图 6-23　不同填充份数高岭石填充SBR复合材料DTG曲线

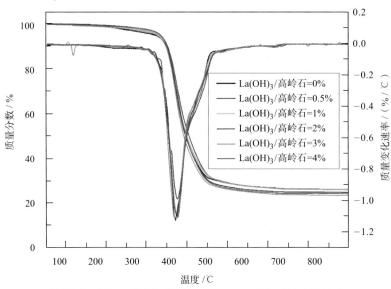

彩图 6-25　不同负载量的La(OH)₃/高岭石复合物填充
天然橡胶制备复合材料的TG-DTG图谱

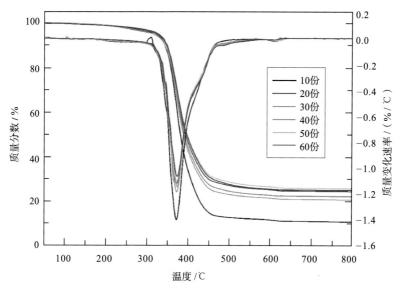

彩图 6-26　不同填充份数的La(OH)$_3$/高岭石复合物填充
天然橡胶制备复合材料的TG-DTG曲线

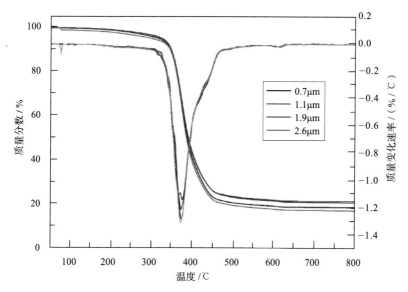

彩图 6-27　不同粒度高岭石的La(OH)$_3$/高岭石复合物
填充天然橡胶制备复合材料的TG-DTG曲线

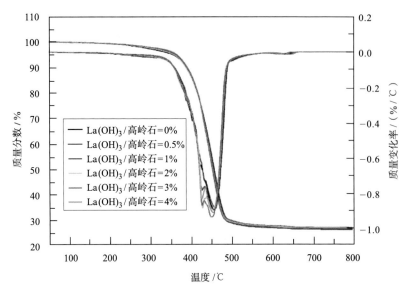

彩图 6-29　不同负载量的 La(OH)$_3$/高岭石复合物填充
丁苯橡胶制备复合材料的TG-DTG图谱

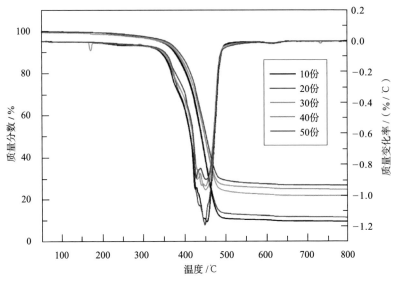

彩图 6-30　不同填充份数的La(OH)$_3$/高岭石复合物
填充丁苯橡胶复合材料的TG-DTG图谱